高等院校"十二五"示范性建设成果

工程力学

主　编　郑立新
副主编　陈　岚
主　审　胡照海

北京理工大学出版社
BEIJING INSTITUTE OF TECHNOLOGY PRESS

图书在版编目（CIP）数据

工程力学/郑立新主编． —北京：北京理工大学出版社，2012.7
ISBN 978 - 7 - 5640 - 6282 - 8

Ⅰ. ①工… 　 Ⅱ. ①郑… 　 Ⅲ. ①工程力学—高等学校—教材 　 Ⅳ. ①TB12

中国版本图书馆 CIP 数据核字（2012）第 159209 号

出版发行 /北京理工大学出版社
社　　址 /北京市海淀区中关村南大街 5 号
邮　　编 /100081
电　　话 /(010)68914775(总编室)　68944990(批销中心)　68911084(读者服务部)
网　　址 /http://www.bitpress.com.cn
经　　销 /全国各地新华书店
印　　刷 /三河市文通印刷包装有限公司
开　　本 /710 毫米×1000 毫米　1/16
印　　张 /9.5
字　　数 /165 千字　　　　　　　　　　　　　　　　　　　　责任编辑/多海鹏
版　　次 /2012 年 7 月第 1 版　2012 年 7 月第 1 次印刷　　　　张慧峰
印　　数 /1 ~ 1500 册　　　　　　　　　　　　　　　　　　　责任校对/陈玉梅
定　　价 /32.00 元　　　　　　　　　　　　　　　　　　　　责任印制/王美丽

图书出现印装质量问题，本社负责调换

前　　言

　　工程力学包括静力学和材料力学，是工科专业的一门重要技术基础课，与工程实际有着密切的联系。通过学习该门课程，不仅可使学生构筑工程基础的理论根基，还可培养学生理论联系实际解决工程问题的能力。

　　随着现代科学技术的飞速发展，新技术、新材料的不断涌现，各高校对该课程的教学内容、教学方法及教学体系的改革也在不断深入中。在编写过程中，按照工程力学教学大纲的要求，尽量保留国内原教材的结构严谨、逻辑性强等特点。建议学时为 32～56 学时，可根据具体需要及计划学时对书中内容进行选择，本书中带"＊"部分为选修内容，可根据课时要求进行选择性讲解。

　　本书共有 8 章，包括静力学（第 2 章）和杆件的基本变形（第 3～8 章）两部分。静力学的主要内容有力的基本概念、力矩与力偶、平面汇交力系及平面任意力系、空间力系、摩擦等；材料力学包括杆件的基本变形（拉压、剪切与挤压、扭转、弯曲）、组合变形、压杆稳定和应力集中等。本书由郑立新老师担任主编，陈岚老师担任副主编，唐俊老师担任协编，胡照海担任主审。编写的分工如下：第 2 章由唐俊编写，第 3～5 章由陈岚编写；第 1、第 6、第 7、第 8 章由郑立新编写。

　　由于编者水平有限，书中难免有错误和不足之处，恳请广大读者批评指正。

目　　录

第1章 绪 论

本章知识点

1. 课程研究对象及内容
2. 杆件基本变形概念
3. 构件正常工作的基本要求
4. 课程的学习方法

工程力学是一门基础技术课程,主要包括两部分:理论力学和材料力学。本书只介绍理论力学和材料力学的基础知识。

1.1 静力学基础

1.1.1 静力学基础研究的对象和内容

静力学是理论力学的一部分。理论力学由静力学、运动学、动力学三部分组成,是研究物体机械运动一般规律的学科。

物体的机械运动是指物体在空间的相对位置随时间的变化(包括任一物体对其他物体的相对静止)。如各种车辆的行驶,各种机器的运动,液体和气体的流动,以及房屋、桥梁等相对于地球的静止等等都是机械运动。

运动是物质存在的形式,是物质的固有属性。在自然界中,存在着各种各样的运动形式,例如光、热、电磁、声等物理现象,化学变化,生命过程,人的思维,等等。其中,机械运动是最简单的一种运动形式。机械运动的一种特殊情况为平衡——物体相对于地球处于静止或者做匀速直线运动的状态。在工程实际中,房屋、水坝、桥梁、铁路以及匀速直线行驶的车厢等都是平衡的实例。静力学就是研究物体的平衡问题的科学。

若物体处于平衡状态,则作用于物体上的力系必须满足一定的条件,这些条件称为平衡条件。满足平衡条件的力系称为平衡力系。在力或力系作用下,物体不但有运动状态的改变(机械运动),同时也会发生形状和尺寸的变化(变形),但物体的变形对其机械运动的影响非常小,可以忽略不计。因此,在静力学中,将受力物体理想化为在任何情况下都不发生变形的物体——刚体。前述所谓的静力学实际上是刚体静力学的简称。

静力学研究的主要内容如下。

1. 力的基本性质和物体的受力分析

分析清楚作为研究对象的物体受有哪些力的作用,并抽象出可以建立数学关系的受力图。

2. 力系的简化

在工程实际中,作用在物体上的力系往往较为复杂,为了弄清力系对物体总的作用,需要对它进行合成,用一个与其作用效果相同的简单力系来代替,这就是力系的简化。

3. 力系的平衡条件

研究物体平衡需要满足的条件,得出计算方法,确保构件处于平衡状态是静力学讨论的主要内容。

1.1.2　研究静力学基础的目的

工程专业一般都要接触各类机械运动的问题。很多工程实际问题可以应用静力学的基本理论去解决,有些比较复杂的工程实际问题,则需要静力学和其他专门知识来解决。所以学习静力学是为解决工程实际问题打下一定的基础。

静力学是研究力学中最普遍的、最基本的规律。很多工程专业的课程,例如材料力学、机械原理、机械零件、结构力学、塑性力学、流体力学、飞行力学、振动理论、断裂力学以及许多专业课程等,都要以静力学为基础,所以静力学也是学习一系列后续课程的重要基础。

1.2　杆件的基本变形

1.2.1　杆件基本变形的概念

各种机械和机构都是由许多构件组成的。当它们承受载荷或传递运动时,构件都受到力的作用,为了保证机构和机械的正常工作,每个构件都必须安全可靠。为此,首先要求构件在载荷作用下不发生破坏。而静力学主要是研究受力物体平衡时作用力所应满足的条件;同时也研究物体受力的分析方法,以及力系简化的方法等。为了研究、计算方便,都是把物体视为刚体,不考虑物体的变形效应,即在外力作用下,物体的形状和尺寸没有任何改变。实际上,绝对不变的物体即所谓的刚体在自然界中是不存在的,任何物体在外力的作用下,其形状和尺寸都会或多或少地有所改变。而在工程实际中,一般机械、设备或结构都不是绝对刚体,而是由变形固体组成。就是说,在外力作用下,构件都会发生变形或破坏。为了保证每个构件在外力作用下能够正常工作,需要进行分析和计算。因此,必须学习材料力学的理论,掌握设计计算的基本方法。本书由于篇幅及深度的限制,只涉及材料力学的基础知识——杆件的基本变形。通过静力学的学习可以掌握如何求构件所受力的大小,零件尺寸的大小不仅与力的大小有关,还与零件抵抗变形的能力有关,在外力的作用下构件会发生变形,外力作用在杆件上的方式是多种多样的,因此,杆件产生的变形也有各种不同的类型。我们可以把杆件的变形简化为以下4种基本形式。

1. 轴向拉压变形

当杆件受到沿轴线方向的两个大小相等而方向相反的拉力或压力时,杆件就会产生伸长或缩短,这种变形就叫做拉伸或压缩。

2. 剪切变形

当杆件受到大小相等、方向相反、作用线不重合但距离比较近的两个力作用时,在杆件的两力中间部分将产生沿截面的相互错动,称为剪切变形。剪切变形往往还伴随挤压变形。

3. 扭转变形

当杆件受到垂直于杆轴线的两平面内的大小相等而方向相反的两个力偶作用时,杆件所产生的变形称为扭转变形。例如当轴上装有齿轮、带轮或联轴器时,轴在扭矩的作用下就会产生扭转变形。

4. 弯曲变形

当杆件受到与杆轴线垂直的力的作用,或者在杆件的纵向平面内受到力偶的作用时,变形后的杆件的轴线(原为直线)变成曲线。这种变形称为弯曲变形。

上面的四种变形称为基本变形。实际杆件的变形并不像上面谈到的那样简单,而是比较复杂的。可以把复杂的变形看成是由几种基本变形所组成的组合变形,后面的章节中将逐步介绍各种基本变形。

1.2.2　构件正常工作的基本要求

一般情况下,构件要能够正常工作,必须满足以下3个条件。

1. 强度条件

构件在外力的作用下抵抗破坏的能力,称为强度。工程构件的破坏包含两种含义,即断裂和显著的塑性变形。

构件在外力作用下,它的几何形状和尺寸大小都要发生一定程度的改变。这种改变称为变形。由实验结果知道,绝大多数的固体,在外力不超过一定范围时,当外力除去后,将完全恢复原有形状和尺寸,这种性质称为弹性。除去外力后能够消失的变形,称为弹性变形。但外力过大时,除去外力后,变形只能部分消失而残留一部分不能消失的变形,材料的这种性质称为塑性。除去外力后不能消失而残留的变形,称为塑性变形(或称残余变形、永久变形)。构件在外力作用下,如果发生显著塑性变形,即使构件没有断裂,但由于形状和尺寸发生了塑性变形,构件受到损伤,影响了构件的正常工作,所以也称其为强度不够。如果构件在外力作用下没有发生断裂和显著塑性变形,就称构件具有足够的强度。

2. 足够的刚度

为了分析方便,常常需要把工程中的实际问题,简化为一个力学计算模型,即用一个简化图形表达出工程实际问题。这种简化图形,称为计算简图。

所谓刚度是指构件在外力作用下抵抗变形的能力。

3. 足够的稳定性

所谓稳定性是指构件在外力作用下维持原有平衡状态的能力。足够的稳定性是指构件在外力作用下能够保持原有平衡状态而不丧失稳定。

一般而言,设计构件时,首先必须满足安全的要求,即根据强度、刚度和稳定性的要求,选择合适的材料,确定合理的截面尺寸和几何形状,这是材料力学的任务;同时还要满足经济方面的要求,尽可能选用经济合理的材料,降低材料消耗,节约资金,这也是材料力学的任务。例如设计钢梁,为了达到安全方面的要求,杆件用粗些,就要多用钢材,还要用好钢材;为了经济,则应少用钢材,用低价钢材。显然,安全与经济这两个方面往往是互相矛盾的。片面追求经济而忽视安全是绝对不允许的;然而,不适当地强调安全而忽视经济也是不正确的。材料力学就提供了解决这一矛盾的理论基础,而矛盾的解决也促进了材料力学的进一步发展。

构件的强度、刚度和稳定性问题均与所用材料的力学性质有关。材料的力学性质又必须通过实验来测定。单靠现有理论解决不了的问题,仍需借助实验来解决。因此,材料的试验研究与材料力学的理论分析是同样重要的,都是完成材料力学任务所必需的手段。

1.3　工程力学的学习方法

工程力学的研究方法是从实践出发,经过抽象化、综合和归纳,运用数学推演得到定理和结论,对于复杂的工程问题,常常需要借助计算机进行数值分析和公式推算,通过实验验证理论和计算结果的正确性。

在学习工程力学的过程中,对力学理论要勤于思考、多做练习题,做到熟能生巧。通过掌握领会本课程的内容,为学习机械后续课程打好基础,并能初步利用力学理论和方法解决工程实际中的技术问题。

本章小结

重点:本课程介绍理论力学和材料力学基础知识,学习物体受力平衡时力的分析计算方法和物体受力变形保持正常工作的条件。

难点:理解杆件的4种基本变形形式,构件能正常工作的基本要求。

思考题与习题

1-1　课程的内容是什么?

1-2　什么是刚体静力学?

1-3　构件正常工作的基本要求是什么?

第2章　构件静力分析基础

本章知识点

1. 力、刚体、平衡的概念
2. 静力学公理
3. 约束类型及约束反力
4. 受力图的绘制
5. 平面汇交力系的平衡方程
6. 力矩与力偶的概念
7. 力的平移定理
8. 平面任意力系的简化及平衡方程
9. 摩擦

2.1　力

2.1.1　力、刚体、平衡的概念

1. 力

力是物体间的机械作用。这种作用有两种效应:使物体产生运动状态的变化和形状变化。前者称为运动效应,后者称为变形效应。

物理学中学过,力有三要素:大小、方向和作用点,如图 2-1 所示。因为力是矢量,因此可用有向线段 OA 表示,矢线始端 O 表示力的作用点,矢线方向表示力的方向,按一定比例尺所作线段 OA 的长度表示力的大小。计算时,力的单位采用我国的法定计量单位 N,目前已不再使用的原工程单位制中,力的单位是 kgf。N 与 kgf 的换算关系是

$$1 \text{ kgf} = 9.807 \text{ N}$$

在物理学中和工程简化计算中,物体的受力一般认为力集中作用于一点,称为集中力。实际上,任何物体间的作用力都分布在有限的面积上或体积内,应为分布

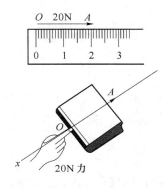

图2-1 力的表示

力。集中力在实际中并不存在,它只是分布力的理想化模型。但由于分布力的分布规律比较复杂,因此计算时经常需要简化为集中力。

2. 刚体

刚体是在力作用下不变形的物体。实际物体在受力作用时,其内部各质点间的相对距离总要发生一定的伸长或缩短,即变形。由于这种变形通常十分微小,在对某些问题的研究中可以忽略不计,因此引入了刚体这一为分析方便而假设的力学模型。

力对刚体只有运动效应(包括平动、转动及其特例——平衡)。这样,力的三要素可改述为大小、方向、作用线。这种作用在刚体上的力沿其作用线滑移的性质称为力的可传性,如图2-2所示。

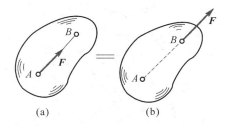

(a)　　　　　(b)

图2-2 力的可传性

3. 平衡

平衡是指物体相对于地面处于静止或匀速直线运动状态。

本章主要是研究刚体在力系的作用下平衡规律的科学,即静力学。

2.1.2　力系

1. 力系

力系是指同时作用于一物体的若干力。

2. 平衡力系

一个力系对物体的作用使物体处于平衡状态,则此力系称为平衡力系。

3. 等效力系

如果两个力系对物体的作用效果相同,则这两个力系彼此称为等效力系。等效力系可用来简化复杂力系。若一个力与一个力系等效,这个力就称为该力系的合力,而力系中的各个力都是该合力的分力。

2.1.3　静力学公理及其推论

静力学公理是人类经过长期经验积累和实践验证总结出来的最基本的力学规律。它概括了力的一些基本性质。下面简要介绍四个公理。

1. 二力平衡公理

刚体受两个力作用,处于平衡状态的充分和必要条件是:两个力大小相等、方向相反,且作用在同一直线上(如图 2 – 3 所示),即

$$F_1 = F_2$$

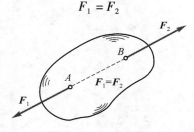

图 2 – 3　二力平衡

这个公理总结了作用于刚体上最简单力系平衡所必须满足的条件。这个条件对刚体来说,既必要又充分。

2. 加减平衡力系公理

在任意一个已知力系上,可随意加上或减去一平衡力系,这不会改变原力系对物体的作用效应。

这一公理对研究力系简化问题十分重要。实际上,前述力的可传性就是这一公理的推理。图2-4(a)所示为原力系,图2-4(b)所示为在原力系上加了一个 $F_1 = F_2$ 的平衡力系,设 $F = F_2$,显然 F 与 F_2 也构成一平衡力系,可以减去,于是变为图2-4(c)的情况,力在刚体上成功地实现了滑移。

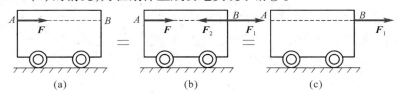

图2-4 力的可传性证明

3. 平行四边形公理

作用在物体上同一点的两个力,可以合成为一个力,其作用线通过该点,合力的大小和方向由已知两力为边的平行四边形的对角线表示,这称为力的平行四边形公理或平行四边形法则。如图2-5所示,作用在物体 O 点上的两已知力 F_1、F_2 的合力为 F,力的合成法则可写成矢量式:

$$F = F_1 + F_2$$

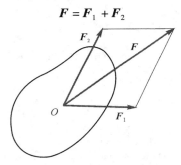

图2-5 力的合成法则

推论(三力平衡汇交定理):当刚体受三个力作用而处于平衡时,若其中两个力的作用线汇交于一点,则第三个力的作用线必交于同一点,且三个力的作用线在同一平面内。如图2-6所示,F_1、F_2 汇交于一点 O,则 F_3 必通过 O 点。

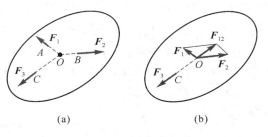

图2-6 三力平衡汇交

4. 作用力与反作用力公理

作用力与反作用力公理即牛顿第三定律。两个物体之间的作用力和反作用力总是大小相等、方向相反、作用线相同,且分别作用在两个物体上。例如车刀在工件上切削,车刀作用在工件上的切削力为 F_P,与此同时,工件必有一反作用力 F'_P 作用在车刀上,如图2-7所示,两个力 F_P、F'_P 总是等值、反向、共线的。

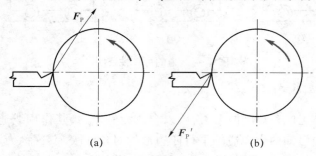

图2-7 作用力与反作用力

必须注意,由于作用力与反作用力作用在两个物体上,因此不能将它们说成是一对平衡力。

2.1.4 约束及约束反力的概念

1. 约束和约束反力

实际物体在空间上的接触和连接有两种方式:一种如空中飞行的炮弹、飞机或卫星等,它们在空间的位移没有受到其他物体预加的限制,称为自由体;另一种如地面上的汽车,轴承中的轴,支撑在柱子上的房架,连接在人体躯干上的肢体等,其空间位移受到其他物体预加的限制,称为非自由体或约束体。

对物体的位移预加的限制,称为约束,上述地面对汽车、轴承对轴、柱子对房架、人体对肢体等都是约束,且这种限制是通过力的作用来实现的。

物体的受力可分为两类:约束反力和主动力。约束施加于被约束物体的力称为约束反力或约束力,约束反力的方向与约束对物体限制其运动趋势的方向相反,约束反力的作用点即约束与物体之间的相互作用点;除约束反力以外的其他力称为主动力或载荷,如物体的重力,结构承受的风力、水力,机械零件中的弹簧力、电磁力等。本课程中,主动力一般是给定的(实际工作中需要自行测定),对物体进行的受力计算只是计算约束反力。

2. 常见的约束类型

接触面的物理性质分为绝对光滑(理想约束)和存在摩擦(一般为非理想约

束)两种。这里主要介绍理想约束。下面介绍几种典型的理想约束模型。

（1）理想刚性约束

这种约束也是相对于刚体，它与被约束间为刚性接触。常见的有以下几种。

① 光滑接触表面的约束。

两物体相互接触，当接触面非常光滑，摩擦可忽略不计时，即属于光滑接触表面约束。这类约束不能限制物体沿约束表面切向的位移，只能阻碍物体沿接触表面法向并向约束内部的位移。其约束反力的方向为过接触点的公法线 n 的方向，并指向受力物体，称其为法向反力，记为 $\boldsymbol{F}_N$，如图 2-8(a)、图 2-8(b)所示。

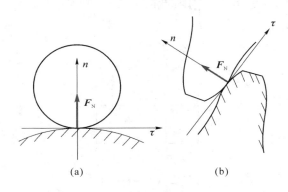

(a)   (b)

图 2-8   光滑接触表面约束

② 光滑铰链约束。

由铰链构成的约束称为铰链约束，包括活动圆柱铰链(如图 2-9 所示)和固定铰链支座(如图 2-10(a)所示)，实际是平面回转副的两种表现形式，常简称为活动铰链和固定铰链。这种光滑面约束，其约束体与被约束体的接触点在两维空间内是未知的，因此其约束反力可用一对正交力 $\boldsymbol{F}_x$、$\boldsymbol{F}_y$ 表示。如果铰链约束中与地面或机架的连接是可动的，这种约束称为活动铰链支座(如图 2-10(b)所示)，其约束性质与光滑接触表面约束性质相同，约束反力必垂直于固定面。

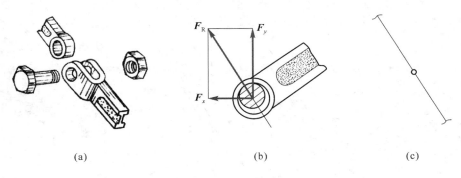

(a)   (b)   (c)

图 2-9   活动圆柱铰链

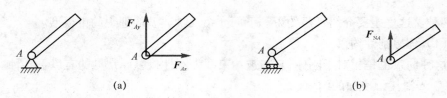

图 2 - 10　铰链支座

（2）理想柔性约束

理想柔性约束是指由柔软的绳索、链条或带等构成的约束。如图 2 - 11 所示，柔性线绳受物体外力（如重力）作用，此时线绳约束反力为拉力，沿着线绳背离物体，如图 2 - 11（b）所示。

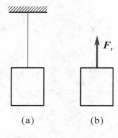

图 2 - 11　柔性约束

2.1.5　受力图

1. 二力构件的特点

若刚体受两个力作用处于平衡状态，根据二力平衡公理，这两个力的方向必在两力作用点的连线上，此刚体称为二力体；如果刚体是杆件，也称二力杆，如图 2 - 12所示。

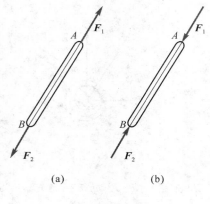

图 2 - 12　二力杆

2. 画受力图

在工程实际中,受力分析是指研究某个物体所受到的力,并分析这些力对物体的作用情况,即研究各个力的作用位置、大小和方向。为了清晰地表示物体受力情况,常需把研究的物体从周围物体中分离出来,把其他物体对研究对象的全部作用力用简图形式画出来。这种表示物体受力的简明图形,称为受力图。下面举例说明受力图的画法。

例2-1 用力拉动碾子以压平路面,碾子受到一障碍物的阻碍,如图 2-13(a)所示。如不计接触处的摩擦,试画出碾子的受力图。

解 (1)取碾子为研究对象,并画出分离体图

(2)画出主动力

有重力 F_P 和杆对碾子的拉力 F。

(3)画出约束反力

碾子在 A 处受到 F_{NA} 的作用,在 B 处受到 F_{NB} 的作用,它们都沿着碾子上接触点的公法线而指向圆心。

碾子的受力图如图 2-13(b)所示。

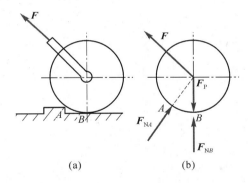

图 2-13 碾子的受力图

例2-2 水平梁 AB 的 A 端为固定铰链支座,B 端为可动铰链支座,梁中点 C 受主动力 F_P 作用,如图 2-14(a)所示。不计梁的自重,试画出梁的受力图。

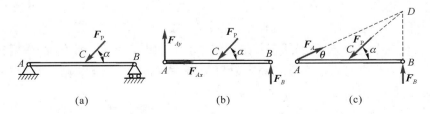

图 2-14 梁的受力图

解 (1)取梁为研究对象,并画出分离体图

（2）画出主动力 F_P

（3）画出约束反力

可动铰链支座 B 的约束反力 F_B 通过铰链中心,垂直于支撑面;固定铰链支座 A 的约束反力方向未知,用水平分力 F_{Ax} 和垂直分力 F_{Ay} 来表示,如图 2 - 14(b)所示(本例中梁 A 端的约束反力亦可用三力平衡汇交定理来确定,如图 2 - 14(c)所示。梁平衡时,已知主动力 F_P、约束反力 F_B 与未知力 F_A 必汇交于一点 D,由此可确定其方向)。

例 2 - 3　图 2 - 15(a)所示为一压榨机构的简图,ABC 为杠杆,CD 为连杆,D 为滑块。在杠杆的端部加一力 F_P,不计各构件的自重和接触处的摩擦,试分别画出杠杆、连杆和滑块的受力图。

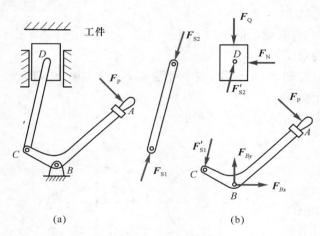

(a)　　　　　　　　　　　(b)

图 2 - 15　压榨机的受力图

解　（1）取连杆 CD 为研究对象

在 C 处它受到铰链 C 的约束反力 F_{S1} 的作用,在 D 处它受到铰链 D 的约束反力 F_{S2} 的作用,因不计自重及摩擦,故 CD 杆为二力杆。因此 F_{S1} 和 F_{S2} 必沿 C 和 D 的连线,且等值、反向,F_{S1} 和 F_{S2} 的指向由经验判断为压力。当所受力指向不明时,可先假设一方向。

（2）取杠杆 ABC 为研究对象

杠杆 ABC 受到主动力 F_P 的作用,在铰链 C 处受到二力杆 CD 给它的约束反力 F_{S1}' 的作用,在铰链 B 处受到固定铰链支座给它的约束反力 F_{Bx} 和 F_{By} 的作用(约束反力 F_B 也可根据三力汇交定理确定而只画出一力)。这里可以确定 F_{S1}' 与 F_{S1} 为作用力与反作用力。

（3）取滑块 D 为研究对象

在铰链 D 处,它受到二力杆 CD 给它的约束反力 F_{S2}' 的作用,在与工件的压紧面上,受到工件给它的反力 F_Q 的作用,由 F_{S2}' 的方向可知,滑块 D 还将与导轨的右侧接触,所以还受到约束反力 F_N 的作用,其方向向左。

连杆 CD、杠杆 ABC、滑块 D 的受力图如图 2-15(b)所示。

例 2-4 如图 2-16(a)所示,重力为 G 的圆球放在板 AC 与墙壁 AB 之间。设板 AC 的重力不计,试画出板与球的受力图。

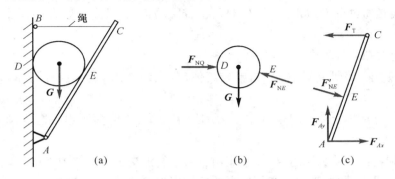

图 2-16 板与球的受力图

解 先取球为研究对象,画出简图。球上有主动力 G,约束反力有 F_{ND} 和 F_{NE},均属光滑面约束的法向反力。受力图如图 2-16(b)所示。

再取板作研究对象。由于板的自重不计,故只有 A、C、E 处的约束反力。其中 A 处为固定铰支座,其反力可用一对正交分力 F_{Ax}、F_{Ay} 表示;C 处为柔性约束,其反力为拉力 F_T;E 处的反力为法向反力 F'_{NE},该反力与球在 E 处所受的反力 F_{NE} 为作用力与作用反力的关系。受力图如图 2-16(c)所示。

例 2-5 如图 2-17(a)所示,三铰拱桥由左右两拱铰接而成。设各拱的自重不计,在拱 AC 上作用有载荷 F。试分别画出拱 AC 和 CB 的受力图。

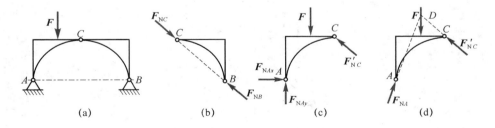

图 2-17 三铰拱桥受力图

解 (1)取拱 CB 为研究对象

由于各拱的自重不计,且只在 B、C 处受到铰链的约束,因此 CB 为二力杆。在铰链的中心 B、C 处分别受到 F_{NB}、F_{NC} 的作用,且 $F_{NB} = -F_{NC}$,拱 CB 的受力图如图 2-17(b)所示。

(2)取拱 AC 连同销钉 C 为研究对象

由于拱 AC 的自重不计,主动力只有载荷 F 点 C 受拱 CB 施加的约束力 F'_{NC},

且大小等于 F_{NC}；点 A 处的约束反力可可分解为 F_{NAx} 和 F_{NAy}。拱桥 AC 的受力图如图 2 – 17(c)所示。

又拱桥 AC 在 F、F'_{NC}、F_{NA} 三力作用下平衡，根据三力平衡汇交定理，可确定出铰链 A 处的约束反力 F_{NA} 的方向。点 D 为力 F 与 F'_{NC} 的交点，当拱 AC 平衡时，F_{NA} 的作用线必通过点 D，如图 2 – 17(d)所示，F_{NA} 的指向，可先作假设，以后由平衡条件确定。

画受力图的过程中必须注意以下事项：

① 首先明确研究对象，并画出分离体，分离体的形状、方位应与原物体保持一致。

② 在分离体上要画出全部主动力和约束反力，不能多画也不能少画，不能随意取舍。

③ 画物体的受力图时，要注意应用三力平衡汇交定理和二力平衡公理。

④ 画受力图时，必须注意作用力与反作用力的关系。

⑤ 在画物体系统的受力图时，内力不能画出。

2.2　平面汇交力系的合成与平衡

按照力系中各力的作用线是否在同一平面内来分，可将力系分为平面力系和空间力系两类；按照力系中各力是否相交（或平行）来分，力系又可分为汇交力、平行力系和任意力系。平面汇交力系是各力的作用线都在同一平面内，且汇交于同一点的力系。如图 2 – 18 所示的起重机的吊钩，即受一平面汇交力系的作用。

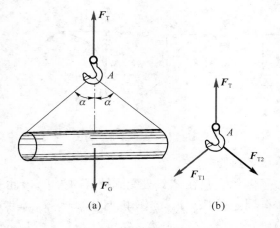

图 2 – 18　起重机吊钩

2.2.1 平面汇交力系合成的几何法

根据力的可传性原理,作用于刚体上的平面汇交力系中的各力可以分别经它们的作用线移到汇交点上,并不影响其对刚体的作用效果,所以平面汇交力系与作用于同一点的平面共点力系对刚体的作用效果相同。因此这里只需研究共点力系合成的几何法则。

1. 两个共点力合成的三角形法则

这一法则实际上是力的平行四边形法则的另一种表达方式。设有 F_1 和 F_2 两力作用于某刚体的 A 点,则其合力可用平行四边形法则确定,如图 2−19(a)所示。不难看出,在求合力 F 时,可不必作出整个平行四边形。如图 2−19(b)所示,作图时可省略 AC 与 CD,直接将 F_2 的始端移至 F_1 的末端,连接 F_1 的始端和 F_2 的末端,即可求得合力 F。此法则称为求两个共点力合力的三角形法则,其矢量式为

$$F = F_1 + F_2$$

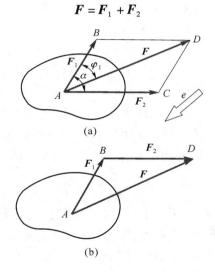

(a)

(b)

图 2−19 两个共点力合成的三角形法则

2. 多个共点力合成的多边形法则

如图 2−20(a)所示,设有一平面汇交力系 F_1,F_2,F_3,F_4 作用于刚体上的 O 点,要求此力系的合力,可连续实施三角形法则依次将各力合成。其方法为:先作 F_1、F_2 的合力 F_{12},再将 F_{12} 与 F_3 合成为 F_{123},最后将 F_{123} 与 F_4 合成,即得到该力的合力 F[如图 2−20(b)所示]。

由图 2−20(b)可以看出,虚线矢量 F_{12}、F_{123} 可不必画出,只要将力系各力首尾

相接,形成一个开口的多边形 *ABCDE*,最后将其封闭,由最先画出的 F_1 的始端 *A* 指向最后画出的力 F_4 的末端 *E* 所形成的矢量,即为合力 *F* 的大小和方向[如图 2-20(c)所示]。此法则称为力的多边形法则,其矢量表达式为

$$F = F_1 + F_2 + F_3 + F_4$$

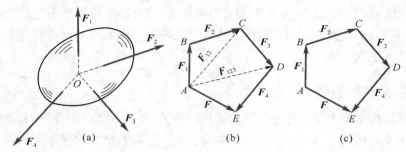

图 2-20   多个共点力合成的多边形法则

上述方法可推广到平面汇交力系有 *n* 个力的情况,于是可得结论:平面汇交力系合成的结果是一个合力,合力作用线通过力系汇交点,合力大小由多边形的封闭边表示,即等于力系各力的矢量和。其矢量表达式为

$$F = F_1 + F_2 + \cdots + F_n \qquad (2-1)$$

2.2.2   平面汇交力系平衡的几何条件

我们已经知道,平面汇交力系可以合成为一个合力,即平面汇交力系可用其合力来代替。因此若合力 *F* 等于零,则说明物体处于平衡;反之,若物体处于平衡,则其合力 *F* 一定等于零。可见平面汇交力系平衡的充分必要条件是力系的合力等于零,即

$$F = \sum_{i=1}^{n} F_i = 0 \qquad (2-2)$$

在力系合成的几何法中,平面汇交力系的合力是由力多边形的封闭边表示的,当力系平衡时,合力封闭边变为一点,即力系中各力首尾相接构成一个自行封闭的力多边形,如图 2-21 所示。因此可得平面汇交力系平衡的充分必要几何条件是:力系中各力构成的力多边形自行封闭。

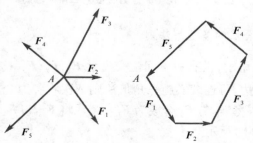

图 2-21   平面汇交力系平衡的几何条件

2.2.3　平面汇交力系合成的解析法

用几何法求解汇交力系问题比较简单直观,但要求作图准确,否则将会引起较大的误差。因此,在工程实际中,用得较多的还是解析法,这种方法是以力在坐标轴上投影为基础建立起来的。

1. 力在平面直角坐标轴上的投影

设物体的某点 A 作用一力 $\boldsymbol{F}$,取直角坐标系 xOy,如图 2-22 所示。力 $\boldsymbol{F}$ 在坐标轴上的投影定义是:$\boldsymbol{F}$ 两端向坐标轴引垂线得垂足 a、b 和 a'、b',线段 ab、$a'b'$ 分别为力 $\boldsymbol{F}$ 在 x、y 轴上投影的大小。投影的正负号规定为:从 a 到 b(或从 a' 到 b')的指向与坐标轴的正向相同为正,相反为负。力 $\boldsymbol{F}$ 在 x、y 轴上的投影分别记作 F_x、F_y。

若已知力 $\boldsymbol{F}$ 的大小及其与 x 轴所夹的锐角为 α,则有

$$F_x = F\cos \alpha$$
$$F_y = -F\sin \alpha \qquad\qquad (2-3)$$

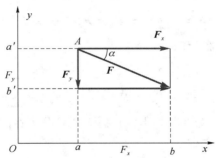

图 2-22　力在坐标轴上的投影

必须注意,如将力 $\boldsymbol{F}$ 沿坐标轴方向分解,所得分力 $\boldsymbol{F}_x$、$\boldsymbol{F}_y$ 的值与力在同轴的投影 F_x、F_y 相等,但分力是矢量,有大小和方向;力的投影是代数量(标量),只有大小和正负,两者不可混淆。

例 2-6　如图 2-23 所示,已知 $F_1 = 100\,\text{N}$,$F_2 = 200\,\text{N}$,$F_3 = 300\,\text{N}$,$F_4 = 400\,\text{N}$,各力的方向如图 2-23 所示,试分别求各力在 x 轴和 y 轴上的投影。

解　列表计算如下:

N

力	力在 x 轴上的投影($\pm F\cos \alpha$)	力在 y 轴上的投影($\pm F\sin \alpha$)
F_1	$100 \times \cos 0° = 100$	$100 \times \sin 0° = 0$
F_2	$-200 \times \cos 60° = -100$	$200 \times \sin 60° = 100\sqrt{3}$
F_3	$-300 \times \cos 60° = -150$	$-300 \times \sin 60° = -150\sqrt{3}$
F_4	$400 \times \cos 45° = 200\sqrt{2}$	$-100 \times \sin 45° = -200\sqrt{2}$

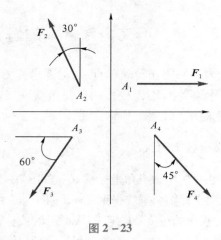

图 2 – 23

2. 平面汇交力系合成的解析法

设在刚体 O 点有一平面汇交力系 $F_1, F_2, \cdots, F_n$ 作用。根据式(2-1),有

$$F = \sum F = F_1 + F_2 + \cdots + F_n$$

将上式分别向 x、y 轴投影,有

$$F_x = F_{x1} + F_{x2} + \cdots + F_{xn} = \sum F_x$$
$$F_y = F_{y1} + F_{y2} + \cdots + F_{yn} = \sum F_y$$

(2 – 4)

上式表明,力系的合力在某轴上的投影等于各分力在同一轴上投影的代数和。这一关系称为合力投影定理。

现利用合力投影定理求平面汇交力系的合力:先由式(2 – 4)求出力系中各力在 x、y 两直角坐标轴上的投影和 $\sum F_x$、$\sum F_y$,即为合力 F 在 x、y 轴上的投影 F_x、F_y,然后由图 2 – 20 所示几何关系,用直角三角形勾股定理求得合力。

$$F = \sqrt{F_x^2 + F_y^2} = \sqrt{\left(\sum F_x\right)^2 + \left(\sum F_y\right)^2}$$

$$\tan\alpha = \frac{F_y}{F_x} = \frac{\sum F_y}{\sum F_x}$$

(2 – 5)

2.2.4 静定与超静定问题

将力系的平衡方程应用于刚体系时,并不是在所有的情况下都能由平衡方程求出全部的未知约束力的。对每一种力系来说,独立平衡方程的数目是一定的,能求解的未知量的数目也是一定的。当物体系平衡时,组成系统的每一个物体必然也保持平衡状态。若物体系由 m 个构件组成,对每个受平面任意力系作用的构件最多只能列出 3 个独立的平衡方程,对整个物体系统至多只能列出 $3m$ 个独立的平衡问题。对于一个平衡物体,未知量的数目不超过独立的平衡方程的总数,则全部未知数可由平衡方程求出,这样的问题称为静定问题。前面所讨论的都属于这类问题。但工程上有时为了增加结构的刚度或坚固性,常设置多余的约束,而使未知数的数目多于独立方程的数目,则靠平衡方程就不能解出全部的未知约束力,这类问题称为超静定问题或静不定问题。图 2 – 24(a)、(b)分别是平面汇交力系和平行力系,平衡方程是 2 个,而未知力是 3 个,属于超静定问题;图2 – 24(c)是平面任意力系,平衡方程是 3 个,而未知力有 4 个,因而也是超静定问题。对于超静定问题的求解,要考虑物体受力后的变形,列出补充方程才可以解决。

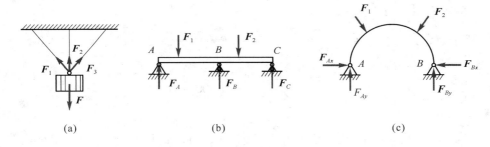

图 2 – 24　超静定问题

　　工程中的结构,一般是由几个构件通过一定的约束联系在一起的,称为物体系统,简称物系。在物系的平衡问题中,首先需要判断系统是否静定。判断的方法是先计算系统独立平衡方程的数目。当系统平衡时,组成该系统的每个物体也都处于平衡状态。若系统由 n 个物体组成,每个平面力系作用的物体,最多列出三个独立的平衡方程,而整个系统共有不超过 $3n$ 个独立的平衡方程。若系统中的未知力的数目等于或小于能列出的独立的平衡方程的数目时,该系统就是静定的,否则就是超静定问题。

　　本章只讨论静定问题。

　　求解物体系统平衡问题的步骤如下:

　　① 适当选择研究对象,画出各研究对象的分离体的受力图。

　　② 分析各受力图,确定求解顺序。

　　③ 根据确定的求解顺序,逐个列出平衡方程求解。

　　例 2 – 7　试用解析法求图 2 – 25 中吊钩所受合力的大小和方向。

　　解　建立直角坐标系 xAy,并应用式(2 – 4)求出

$$F_x = F_{x1} + F_{x2} + F_{x3}$$
$$= 732 + 0 - 2\,000 \cos 30°$$
$$= -1\,000(\text{N})$$

$$F_y = F_{y1} + F_{y2} + F_{y3}$$
$$= 0 - 732 - 2000 \sin 30°$$
$$= -1732(\text{N})$$

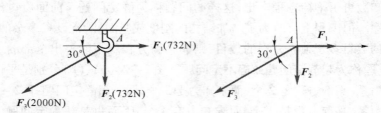

图 2 - 25 吊钩的受力

再按式(2 - 5)求得

$$F = \sqrt{\left(\sum F_x\right)^2 + \left(\sum F_y\right)^2} = \left(\sqrt{(-1\ 000)^2 + (-1\ 732)^2}\right)\text{N} = 2\ 000\ \text{N}$$

$$\tan\alpha = \frac{\sum F_y}{\sum F_x} = \frac{-1\ 732}{-1\ 000} = \sqrt{3}$$

故 $\alpha = 60°$。

因 F_x、F_y 均为负值,所以合力 F 在第三象限,与 x 轴所夹锐角为60°,其作用线通过原力系的汇交点。

2.2.5 平面汇交力系的平衡方程

我们已知道平面汇交力系平衡的充分与必要条件是力系的合力 F 等于零,则由式(2 - 5)应有

$$F = \sqrt{\left(\sum F_x\right)^2 + \left(\sum F_y\right)^2} = 0$$

要使上式成立,必须满足

$$\sum F_x = 0$$
$$\sum F_y = 0 \qquad\qquad (2 - 6)$$

于是,平面汇交力系平衡的充分与必要条件是:力系中各力在两个直角坐标轴上的投影的代数和等于零。式(2 - 6)称为平面汇交力系的平衡方程,这是两个独立的方程,可以求解两个未知量。

下面举例说明平面汇交力系平衡方程的应用。

例2 - 8 一物体重为30 kN,用不可伸长的绳索 AB 和 BC 悬挂于如图2 - 26(a)所示的平衡位置,设绳索的重量不计,AB 与铅垂线的夹角 $\alpha = 30°$,BC 为水平方向。求绳索 AB 和 BC 的拉力。

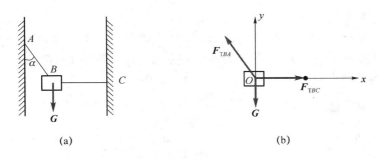

(a)   (b)

图 2 - 26

解 （1）受力分析

取重物为研究对象,画受力图如图 2 - 26(b)所示。根据绳索的特点,绳索必受拉力。

（2）用解析法求解

建立平面直角坐标系 xOy,如图 2 -26(b)所示,利用平衡方程求解。

$$\sum F_y = 0, \qquad F_{TBA}\cos 30° - G = 0, \qquad F_{TBA} = 34.64 \text{ kN}$$

$$\sum F_y = 0, \qquad F_{TBC} - F_{TBA}\sin 30° = 0, \qquad F_{TBC} = 17.32 \text{ kN}$$

例 2 - 9 如图 2 - 27(a)所示为一简易起重机。重物 $G = 20$ kN,用绳子挂在支架的定滑轮 B 上,绳子的另一端接在铰车 D 上。A、B、C 各处均为铰链,不计杆、绳、滑轮的自重,并略去滑轮的大小和各接触处的摩擦。试求平衡时杆 AB 和 BC 所受的力。

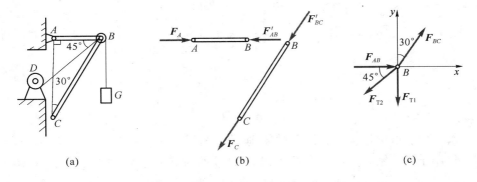

(a)   (b)   (c)

图 2 - 27 简易起重机

解 （1）确定研究对象

杆 AB 和 BC 均为二力杆,假设两杆均受压力,如图 2 - 27(b)所示。为求杆 AB 和杆 BC 所受的力,可通过求两杆对滑轮 B 的约束反力来解决。因此取滑轮 B 为研究对象。它受杆 AB、BC 的约束反力 $\boldsymbol{F}_{AB}$ 和 $\boldsymbol{F}_{BC}$ 以及绳子拉力 $\boldsymbol{F}_{T1}$、$\boldsymbol{F}_{T2}$ 的作用,$F_{T1} = F_{T2} = G$,因滑轮大小不计,故可认为 $\boldsymbol{F}_{T1}$、$\boldsymbol{F}_{T2}$ 作用在滑轮中心 B,如图2 - 27(c)所示。

（2）用解析法求解

取直角坐标系 xBy 如 2 - 27（c）所示，为了便于计算，坐标轴应尽可能在与未知力的作用线相垂直的方向，且与力系中各力间有较简单的几何关系。

（3）列平衡方程求解

$$\sum F_y = 0, \qquad F_{BC}\cos 30° - F_{T1} - F_{T2}\sin 45° = 0$$

得

$$F_{BC} = \frac{F_{T1} + F_{T2}\sin 45°}{\cos 30°} = \left(\frac{20 + 20 \times 0.707}{0.866}\right)\text{kN} = 39.42 \text{ kN}$$

$$\sum F_x = 0, \qquad F_{AB} + F_{BC}\sin 30° - F_{T2}\cos 45° = 0$$

得

$$F_{AB} = F_{T2}\cos 45° - F_{BC}\sin 30° = （20 \times 0.707 - 39.42 \times 0.5）\text{kN} = -5.57 \text{ kN}$$

所得结果中，F_{BC} 为正值，表示这个力的实际方向与图示假设方向相同，即 BC 受压；F_{AB} 为负值，表示这个力的实际方向与假设方向相反，杆 AB 实际受拉。

例 2 - 10　某支架如图 2 - 28（a）所示，由杆 AB 与 AC 组成，其自重不计，A、B、C 处均为铰链，在圆柱销 A 上悬挂重力为 G 的重物，试求杆 AB 与 AC 所受的力。

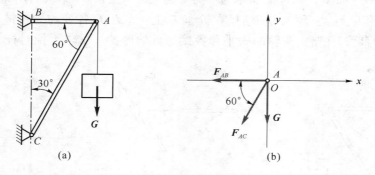

图 2 - 28

解　（1）取圆柱销 A 为研究对象，画受力图

作用于圆柱销 A 上有重力 G、杆 AB 与 AC 的约束反力 F_{AB} 和 F_{AC}；因为杆 AB 与 AC 均为二力杆，均先假设为承受拉力，则圆柱销 A 受力如图 2 - 28（b）所示，作用在点 A 上的各力组成一个平面汇交力系。

（2）列平衡方程

建立坐标系如图 2 - 28（b）所示，列平衡方程

$$\sum F_x = 0, \quad -F_{AB} - F_{AC}\cos 60° = 0 \qquad \text{①}$$

$$\sum F_y = 0, \quad -F_{AC}\sin 60° - G = 0 \qquad \text{②}$$

由式②解得

$$F_{AC} = -\frac{2}{\sqrt{3}}G = -1.15\ G$$

代入①得

$$F_{AB} = 0.58\ G$$

F_{AB} 为正值,说明力的实际方向与假设方向相同,即杆 AB 受拉力;F_{AC} 为负值,表示力的实际方向与假设方向相反,即杆 AC 受压力。

2.3　力矩与力偶

在研究比较复杂的力系的合成平衡问题时,将遇到力学中两个重要的概念——力矩和力偶。

2.3.1　力对点之矩

用扳手拧螺母时(如图 2 – 29 所示),力 F 使扳手及螺母绕 O 点转动,由经验可知,使螺母绕 O 点转动的效果,不仅与力 F 的大小有关,而且与 O 点到力作用线的垂直距离 h 有关,因此力 F 对扳手的作用可用两者的乘积 Fh 来度量,此乘积称为力 F 对 O 点的矩。O 点到力 F 作用线的垂直距离 h 称为力臂,O 点为矩心。

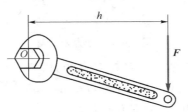

图 2 – 29　扳手的力矩

力使物体绕矩心转动时,有两种不同的转向。通常规定:力使物体绕矩心逆时针方向转动时,力矩为正;力使物体绕矩心顺时针转动时,力矩为负。

由此可见,力 F 使物体绕 O 点转动的效果由下列两个因素决定:

① 力的大小与力臂的乘积 Fh;

② 力使物体绕 O 点转动的方向。

力 F 对 O 点的矩用符号 $M_O(F)$ 表示,其计算公式为

$$M_O(F) = \pm Fh$$

力矩的单位决定于力和力臂的单位,在法定计量单位中,力矩的单位为 N · m。

当力的作用线通过矩心时,因力臂为零,故力矩等于零,此时力不能使物体绕矩心转动。

2.3.2　合力矩定理

定理:平面汇交力系的合力对平面内任意一点的力矩等于所有各分力对该点的力矩的代数和。

这个定理建立了合力的力矩和分力的力矩之间的关系。现证明如下:

设在物体上 A 点作用有平面汇交力系 $F_1,F_2,\cdots,F_n$,如图 2 – 30 所示,该力系的合力为 F。为计算力系中各力对平面内任一点的力矩,取直角坐标系 xOy,并让 Ox 轴通过力系中各力的汇交点 A,令 $OA = L$,则力系中各分力对 O 点的力矩分别为

$$M_O(F_1) = -F_1h_1 = -F_1L\sin\alpha_1 = F_{1y}L$$
$$M_O(F_2) = F_{2y}L$$
$$M_O(F_n) = F_{ny}L$$

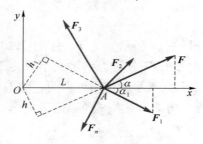

图 2 – 30　合力矩定理

由图 2 – 30 可见,力系的合力 F 对 O 点的力矩为

$$M_O(F) = Fh = FL\sin\alpha = F_yL$$

这里 $F_{1y},F_{2y},\cdots,F_{ny}$ 和 F_y 分别为分力 $F_1,F_2,\cdots,F_n$ 和合力 F 在 Oy 轴上的投影。根据合力投影定理,有

$$F_y = F_{1y} + F_{2y} + \cdots + F_{ny}$$

将上式两端各乘以 L,得

$$F_yL = F_{1y}L + F_{2y}L + \cdots + F_{ny}L$$

所以

$$M_O(F) = M_O(F_1) + M_O(F_2) + \cdots + M_O(F_n)$$

即

$$M_O(F) = \sum_{i=1}^{n} M_O(F_i) \tag{2 – 7}$$

至此定理得到证明。

在计算力矩时,力臂一般可通过几何关系确定。然而在有些实际问题中,由于几何关系比较复杂,力臂不易求出,会给力矩的计算带来一些困难。但是如果将力进行适当分解,计算各分力的力矩很方便,这时应用合力矩定理来计算力矩就比较简单了。

例2-11 如图2-31(a)所示圆柱直齿轮的齿面受一啮合角 $\alpha = 20°$ 的法向压力 $F_n = 980$ N 的作用,齿轮分度圆的直径 $d = 160$ mm,试计算力 F_n 对齿轮轴心 O 的力矩。

解一 运用力矩的计算公式

齿轮轴心 O 为矩心,力臂 $h = \dfrac{d \cdot \cos \alpha}{2}$,则力 F_n 对 O 点的力矩为

$$M_O(F_n) = F_n h = F_n \frac{d}{2}\cos \alpha = 980 \times \frac{0.16}{2} \times \cos \alpha = 73.7(\text{N} \cdot \text{m})$$

解二 应用合力矩定理

将 F_n 分解为圆周力 F_t 和径向力 F_r,[如图2-31(b)所示],根据合力矩定理,得

$$F_r = F_n \sin \alpha \qquad F_t = F_n \cos \alpha$$
$$M_O(F_n) = M_O(F_r) + M_O(F_t)$$

因为径向力 F_r 通过矩心 O 点,故 $M_O(F_r) = 0$,于是

$$M_O(F_n) = M_O(F_t) = F_t \frac{d}{2} = F_n \frac{d}{2}\cos \alpha = 73.7 \text{ N} \cdot \text{m}$$

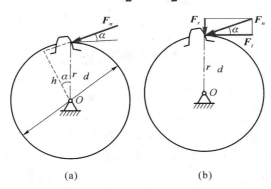

(a)   (b)

图2-31 直齿轮受力的力矩

例2-12 轮在轮轴 B 处受一切向力 F 的作用,如图2-32(a)所示,已知 F、R、r、α,试求此力对轮与地面接触点 A 的力矩。

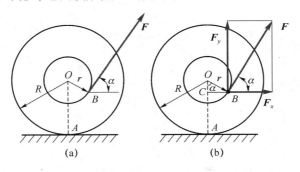

(a)   (b)

图2-32 轮轴的力矩

解 本题若根据力矩的定义求力 F 对 A 点的力矩,则因力臂未标明而不易求出,但利用合力矩定理来求却很简便。为此,将 F 分解为 F_x、F_y 两个分力(图 2-32(b)),根据合力矩定理,得

$$M_A(F) = M_A(F_x) + M_A(F_y)$$

$$M_A(F_x) = -F_x \cdot CA = -F_x(OA - OC) = -F\cos\alpha(R - r\cos\alpha)$$

$$M_A(F_y) = F_y r\sin\alpha = F\sin\alpha \cdot r\sin\alpha = Fr\sin^2\alpha$$

$$M_A(F) = -F\cos\alpha(R - r\cos\alpha) + Fr\sin^2\alpha = F(r - R\cos\alpha)$$

2.3.3 力矩的平衡

如果在绕定点转动的物体上作用有几个力,各力对转动中心的力矩是 $M_O(F_1),M_O(F_2),\cdots,M_O(F_n)$,则绕定点转动的物体的平衡条件是各力对中心 O 的矩的代数和等于零,即

$$M_O(F_1) + M_O(F_2) + \cdots + M_O(F_n) = 0$$

$$\sum_{i=1}^{n} M_O(F_i) = 0 \tag{2-8}$$

2.3.4 力偶的概念

1. 力偶和力偶矩

汽车司机用双手转动驾驶盘驾驶汽车(图2-33(a)),电动机的定子磁场对转子作用电磁力使之旋转(图2-33(b)),人们用两个手指旋转钥匙开门,这时在驾驶盘、电动机转子、钥匙上作用着一对等值、反向、作用线不在一条直线上的平行力,它们能使物体转动。这种大小相等、方向相反而作用线不在同一直线上的两个平行力,称为力偶,记作(FF')。力偶的两个力之间的垂直距离 d 称为力偶臂(图 2-33(c)),力偶所在的平面称为力偶的作用面。

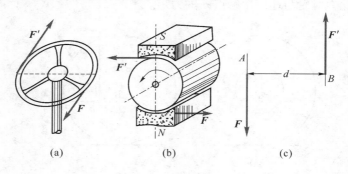

(a)　　　　　　(b)　　　　　　(c)

图 2-33 力偶和力偶矩

由经验可知,在力偶作用面内,力偶使物体产生转动的效应,取决于力偶的转向、力偶两个平行力的大小以及力偶臂 d 的大小,所以,在力学中用力偶中一个力的大小和力偶臂的乘积 Fd 作为度量力偶在其作用平面内对物体转动效应的物理量,称为力偶矩,并以符号 $M(F,F')$ 或 M 表示,即

$$M(F,F') = M = \pm Fd$$

力偶的转向,一般定逆时针为正,顺时针为负,与力矩一样。力偶矩的法定计量单位为 N·m。

2. 力偶的性质、平面力偶的等效条件

① 力偶无合力,力偶不能与一个力等效。当一个力偶作用在物体上时,只能使物体转动。而一个力作用在物体上时,则将使物体移动或既有移动又有转动。所以,力偶对物体的作用不能用一个力等效代替,力偶不能与一个力平衡,力偶必须用力偶来平衡。

由于力偶中两力等值、反向,所以,力偶在任一轴上投影的代数和等于零(图2-34)。

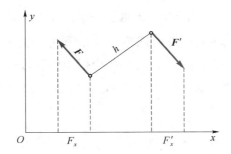

图2-34 力偶在数轴上的投影

② 力偶中两力对其作用平面内任一点的力矩的代数和等于力偶矩。

可见,力偶对其作用平面内任一点的力矩与该点(矩心)的位置无关,这说明力偶使物体对其作用平面内任一点的转动效应是相同的。

③ 由力偶的性质可知,同平面力偶等效的条件是:力偶矩的大小相等,力偶的转向相同。由此可得:

a. 只要保持力偶矩不变,力偶可以在其作用平面内作任意的移转,而不改变它对刚体的作用效果。因此,力偶对刚体的作用与力偶在其作用平面内的位置无关。

b. 只要保持力偶矩不变,可以同时改变力偶中力的大小和力偶臂的长短,而不改变力偶对物体的作用效果。

正因为这样,力偶可用力和力偶臂表示,也可用一端带箭头的弧线来表示。图2-35就是同一力偶的不同表示法。图中弧线箭头表示力偶的转向,弧线旁的符号表示力偶矩的大小。

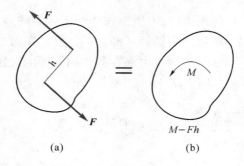

(a)   (b)

图 2 – 35   力偶的不同表示

2.3.5   平面力偶系的合成和平衡条件

1. 平面力偶系的合成

作用在物体同一平面上的多个力偶,称为平面力偶系。根据力偶的性质可知,力偶对物体的作用效果只与力偶矩的大小和力偶的方向有关,与力偶的位置、力与力偶臂的大小都无关,因此可将各力偶矩的代数和作为平面力偶系的合力偶矩。即平面力偶系可以合成为一个合力偶,合力偶的力偶矩等于各分力偶矩的代数和。

$$M = M_1 + M_2 + \cdots + M_n = \sum_{i=1}^{n} M_i \tag{2-9}$$

2. 平面力偶系的平衡条件

如果平面力偶系的合力偶矩等于零,则表明使物体转动的效应为零,因此物体保持平衡。由此,平面力偶系平衡的充分与必要条件是:力偶系中各力偶矩的代数和等于零,即

$$\sum_{i=1}^{n} M_i = 0 \tag{2-10}$$

例 2 – 13   梁 AB 受一力偶作用,其力偶矩 $M = 1\,000$ N·cm,尺寸如图 2 – 36 所示(单位为 cm),试求支座 A、B 的反力。

解   取 AB 梁为研究对象。梁在力偶矩 M 及 A、B 的支座反力下平衡,A、B 的支座反力应组成一个逆时针转向的力偶才能与力偶矩 M 平衡。由于支座 B 为可动铰链支座,反力 F_B 的方向垂直支承面向上,所以支座 A 的反力 F_A 应垂直向下,且 $F_A = F_B$。

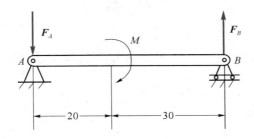

图2-36 受力偶作用的简支梁

如图2-36所示,AB梁受平面力偶系作用平衡,列出平面力偶系的平衡方程,即

$$\sum M = 0, M - F_A \times 50 = 0$$

$$F_A = \frac{M}{50} = 20 \text{ N}$$

$$F_A = F_B = 20 \text{ N}$$

从本例可以看出,力偶在梁上的位置,对支座 A、B 的反力没有影响。

例2-14 用多轴钻床在水平工件上钻孔时(图2-37),每个钻头对工件施加一压力和力偶。已知三个力偶的力偶矩分别为 $M_1 = M_2 = 10 \text{ N} \cdot \text{m}$, $M_3 = 20 \text{ N} \cdot \text{m}$, 固定螺栓 A 和 B 之间的距离 $L = 0.2 \text{ m}$,试求两螺栓所受的水平力。

解 选工件为研究对象。工件在水平面内受三个力偶和两个螺栓的水平反力的作用而平衡,故两个螺栓的水平反力 F_{NA} 和 F_{NB} 必然组成一个力偶,该力偶中两力的方向假设如图2-37所示,且 $F_{NA} = F_{NB}$。由平面力偶系的平衡条件,有

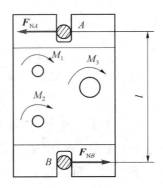

图2-37 工件钻孔的受力分析

$$\sum M = 0, \qquad F_{NA} - M_1 - M_2 - M_3 = 0$$

$$F_{NA} = F_{NB} = \frac{(M_1 + M_2 + M_3)}{L} = \left[\frac{(10 + 10 + 20)}{0.2} \right] \text{N} = 200 \text{ N}$$

2.3.6　力的平移定理及其应用

1. 力的平移定理

定理: 可以把作用在刚体上 A 点的力 F 平行移到任一点 B,但必须同时附加一个力偶,这个附加力偶的力矩等于原来的力 F 对新作用点 B 的力矩。

证明: 图 2-38 中力 F 作用于刚体的 A 点,在刚体上任取一点 B,在 B 点加上等值、反向、共线的两个力 F' 和 F'',使它们与力 F 平行,大小相等。这三个力中,F 和 F'' 组成一个力偶 (F,F''),这样原来作用在 A 点的力 F,现在被一个作用在 B 点的力 F' 和一个力偶 (F,F'') 等效替换。这就是说,可以把作用于 A 点上的力 F 平行移到另一点 B,但必须同时附加上一个相应的力偶,这个力偶称为附加力偶(图 2-38(c))。显然,附加力偶的力偶矩为

$$M = Fd = M_B(F)$$

证明完毕。

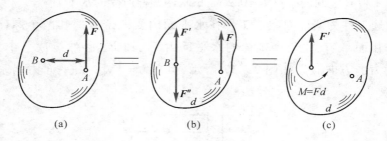

图 2-38　力的平移定理

2. 应用

由力的平移定理可知:可以将一个力替换成同平面的一个力和一个力偶,反之同平面内的一个力和一个力偶也可以用一个力来等效替换。力的平移定理不仅是力系向一点简化的依据,也可解释一些实际问题。例如:图 2-39 中攻螺纹时,必须用双手均匀握住扳手两端,而且用力要相等,而不能只用一只手扳动扳手。因为,作用在扳手 AB 一端的力 F 与作用点 C 的一个力 F' 和一个力偶矩 M 等效。这个力偶使丝锥转动,而力 F' 却易使丝锥产生折断。

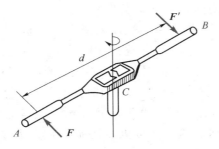

图2-39 丝锥的受力分析

2.4 平面任意力系简介

本节将讨论平面任意力系的简化方法、平衡条件及平衡方程的应用。

2.4.1 平面任意力系的简化

1. 平面任意力系(简化)的主矢和主矩

设刚体上作用一平面任意力系 $F_1, F_2, \cdots, F_n$，各力的作用点分别为 $A_1, A_2, \cdots, A_n$，如图2-40所示。在力系平面内任取一点 O，称为简化中心。根据力的平移定理，将力系中各力都向 O 点平移，得到一个汇交于 O 点的平面汇交力系 $F_1', F_2', \cdots, F_n'$ 和一组由相应的附加力偶 $M_1, M_2, \cdots, M_n$ 组成的附加力偶系。

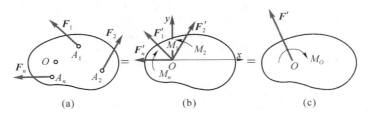

(a)   (b)   (c)

图2-40 平面任意力系的简化

所得平面汇交力系可合成为一个作用于 O 点的合矢量 F'。

$$F' = F_1' + F_2' + \cdots + F_n' = F_1 + F_2 + \cdots + F_n = \sum_{i=1}^{n} F_i$$

合矢量 F' 称为原力系的主矢。

所得附加平面力偶系可合成为一个合力偶，其力偶矩用 M_O 表示，则

$$M_O = M_1 + M_2 + \cdots + M_n = M_O(F_1) + M_O(F_2) + \cdots + M_O(F_n) = \sum_{i=1}^{n} M_O(F_i)$$

力偶矩 M_O 称为原力系对简化中心 O 点的主矩。

由此可得结论:平面任意力系向平面内任意点(简化中心)简化,其一般结果为作用在简化中心的一个主矢和一个在作用平面内的主矩,主矢等于原力系各力的矢量和,主矩等于原力系中各力对简化中心之矩的代数和。

由于主矢等于各力的矢量和,所以它与简化中心的选择无关;而主矩等于各力对简化中心之矩的代数和,取不同的点为简化中心时,各力的力臂有所改变,因而各力对简化中心的矩也要改变。所以以后凡提到主矩,都必须表明简化中心。符号中的下标就表示简化中心为 O。

2. 固定端约束

前面介绍了几种类型的约束及其反力方向确定的方法。作为平面任意力系向一点简化的应用实例,下面来分析工程实际中遇到的另一种类型的约束及其约束反力。如图 2-41 所示为车刀刀架,当拧紧螺母时,车刀被牢固地夹持在刀架上,既不能转动,也不能移动,这种性质的约束称为固定端约束。三爪自定心卡盘夹紧工件(图 2-42)、一端插入墙内的梁以及一端埋入地下的电线杆等都属于这种约束。

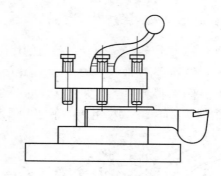

图 2-41　车床刀架

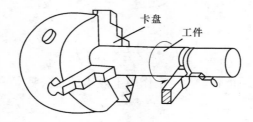

图 2-42　三爪自定心卡盘

对于上述固定端约束的构件,可以用一端插入刚体内的悬臂梁来表示(图 2-43)。在主动力 F 的作用下,墙对构件插入部分的约束反力应当是杂乱地分布在接触面上的一群力,这群力组成了一个平面任意力系。根据平面任意力系的简化原理,得到一个约束反力 F'(主矢)和一个力偶矩为 M_A 的约束力偶(主矩)。为了便于表示,约束反力通常用它的水平分力 F_{xA} 和铅垂分力 F_{yA} 来代替。

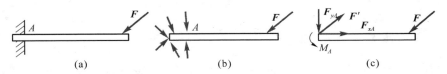

图 2 - 43 固定约束端的受力分析

例 2 - 15 一端固定的悬臂梁如图 2 - 44(a)所示。梁上作用均布荷载,荷载集度为 q,在梁的自由端还受一集中力 F 和一力偶矩为 M 的力偶的作用。试求固定端 A 处的约束反力。

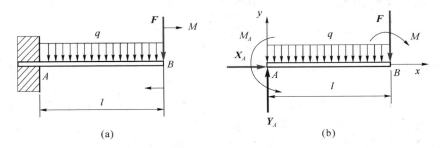

图 2 - 44 悬臂梁

解 (1)取梁 AB 为研究对象,受力图及坐标系的选取如图 2 - 44(b)所示

图中载荷 q 表示一种连续分布于物体上的载荷,称为分布载荷,q 的值称为载荷密度,表示载荷在单位长度上的力。若 q 为常数,则称为均布载荷,列平衡方程时,常将均布载荷简化为一个集中力 F,其中 F 的大小为 ql(l 为载荷作用长度),作用线通过作用长度的中点。

(2)取投影轴和矩心,以 A 点为矩心,选取直角坐标系 xAy

(3)列平衡方程并求解

由

$$\sum X = 0, \qquad X_A = 0$$

$$\sum Y = 0, \qquad Y_A - ql - F = 0$$

解得

$$Y_A = ql + F$$

由

$$\sum M = 0, M_A - ql^2/2 - Fl - M = 0$$

解得

$$M_A = ql^2/2 + Fl + M$$

2.4.2 平面任意力系的平衡方程及其应用

1. 平面任意力系的平衡方程式

前面已指出,平面任意力系向任一点 O 简化,一般可得一主矢 $\boldsymbol{F}'$ 和一主矩 M_O。平面任意力系平衡的充分与必要条件为

$$F' = \sqrt{\left(\sum F_x\right)^2 + \left(\sum F_y\right)^2} = 0$$

$$M_O = \sum M_O(F) = 0$$

由此可得平面任意力系的平衡方程为

$$\sum F_x = 0$$

$$\sum F_y = 0$$

$$\sum M_O(F) = 0 \tag{2-11}$$

式(2-11)表明,力系中各力在任何方向的坐标轴上投影的代数和为零,各力对平面内任意一点之矩的代数和为零。

式(2-11)包含两个投影方程和一个力矩方程,是平面任意力系平衡方程的基本式。此外,还有两力矩形式,可写为

$$\sum M_A(F) = 0$$

$$\sum M_B(F) = 0$$

$$\sum F_x = 0 \text{ 或 } \sum F_y = 0 \tag{2-12}$$

附加条件:x(或 y)轴不垂直于 A、B 两点的连线。

上述两组方程都可用来解平面任意力系的平衡问题。究竟选用哪一组,须视问题的具体条件而定。但不论哪一组方程,至多可以写出三个独立的平衡方程,求解三个未知量。

解题时,矩心和投影轴皆可任意选定。但为了计算简便,应力求在每一方程中只包含一个未知量。因此,若待求未知力有三个,投影轴最好与其中两个未知力的作用线垂直,而矩心最好选其中两个未知力作用线的交点。

现举例说明求解平面任意力系平衡问题的方法和主要步骤。

例 2-16 绞车通过钢丝牵引小车沿斜面轨道匀速上升,如图 2-45(a)所示。已知小车重 $G = 10$ kN,绳与斜面平行,$\alpha = 30°$,$a = 0.75$ m,$b = 0.3$ m,不计摩擦力。求钢丝绳的拉力及轨道对车轮的约束反力。

解 (1)取小车为研究对象,画受力图(如 2-45(b)所示)

小车上作用有重力 $\boldsymbol{G}$,钢丝绳的拉力 $\boldsymbol{F}_T$,轨道在 A、B 处的约束反力为 $\boldsymbol{F}_{NA}$

和 $\boldsymbol{F}_{NB}$。

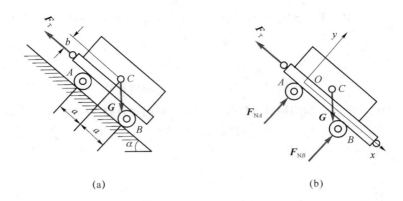

(a)　　　　　　　　　　　　(b)

图 2-45　钢丝牵引小车

（2）取图示坐标系，列平衡方程

$$\sum F_x = 0, \qquad -F_T + G\sin\alpha = 0$$

$$\sum F_y = 0, \qquad F_{NA} + F_{NB} - G\cos\alpha = 0$$

$$\sum M_O(F) = 0, \qquad F_{NB} \times 2a - G \times b\sin\alpha - G \times a\cos\alpha = 0$$

解得

$$F_T = 5\ \text{kN}, \qquad F_{NB} = 5.33\ \text{kN}, \qquad F_{NA} = 3.33\ \text{kN}$$

例 2-17　减速器中齿轮轴由径向轴承 A 和推力轴承 B 支持，如图 2-46 所示。A 轴承可简化为可动铰链支座，B 轴承可简化为固定铰链支座。已知 F、a。试求 A、B 两轴承的约束反力。

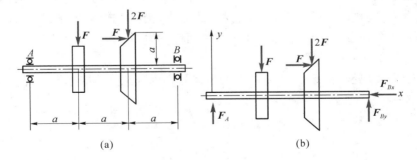

(a)　　　　　　　　　　　　(b)

图 2-46　减速器齿轮轴的受力分析

解　（1）取齿轮轴为研究对象

（2）画受力图

（3）取直角坐标如图 2-46 所示，列平衡方程求解

$$\sum F_x = 0, \qquad F - F_{Bx} = 0$$

$$F_{Bx} = F$$

$$\sum M_B(F) = 0, \quad -3a \cdot F + 2a \cdot F + 2a \cdot F - a \cdot F = 0$$

$$F_A = F$$

$$\sum F_y = 0, F_A + F_{By} - F - 2F = 0$$

$$F_{By} = 2F$$

例 2 - 18　起重机的水平梁 AB 重 $G = 1\,\text{kN}$，载荷 $F_Q = 8\,\text{kN}$，梁的 A 端为固定铰链支座，B 端用中间铰与拉杆 BC 连接（图 2 - 47(a)），若不计拉杆 BC 的自重，试求拉杆的拉力和支座 A 的反力。

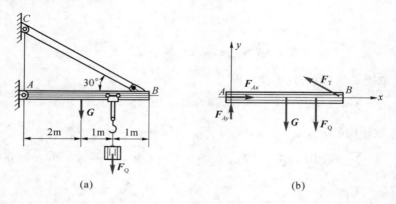

图 2 - 47　起重机水平梁的受力分析

解　（1）取 AB 梁与重物为研究对象

（2）画受力图

在梁上除了受已知力 G、F_Q 作用外，还受未知力：拉杆的拉力 F_T 和铰链 A 的约束反力 F_A 的作用。因为 BC 为二力杆，故力 F_T 沿 BC 连线；力 F_A 的方向未知，故分解为两个分力 F_{Ax}、F_{Ay}。这些力为一平面任意力系。

（3）列平衡方程求解

由于梁 AB 处于平衡，因此这些力必然满足平面任意力系的平衡方程。取坐标轴如图 2 -47(b)所示。

$$\sum M_A(F) = 0, F_T \sin 30° \times 4 - G \times 2 - F_Q \times 3 = 0$$

$$F_T = \frac{2G + 3F_Q}{4 \sin 30°} = 13\,\text{kN}$$

$$\sum M_B(F) = 0, \quad -F_{Ay} \times 4 + G \times 2 + F_Q \times 1 = 0$$

$$F_{Ay} = \frac{2G + F_Q}{4} = 2.5\,\text{kN}$$

$$\sum F_x = 0, F_{Ax} - F_T \cos 30° = 0$$

$$F_{Ax} = F_T \cos 30° = 11.26\,\text{kN}$$

例 2-19 某组合梁如图 2-48(a)所示。AC 和 CD 两段梁在 C 点处用铰链连接,其支承和受力情况如图所示。已知 $q = 10$ kN/m, $M = 40$ kN·m,不计梁的自重,求支座 A、B、D 处得约束反力和铰链 C 处所受的力。

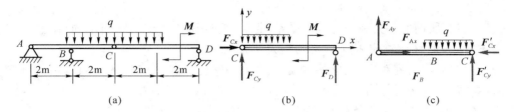

图 2-48 组合梁

解 由于该题要求求出所有的约束反力,所以分别取每段梁为研究对象,而且应先取辅梁 CD 为研究对象,因为其中只包含了三个未知力 F_{Cx}、F_{Cy}、F_D,可以建立三个平衡方程求解;然后再取整体或 AC 段,再建立新的平衡方程可求得其余的三个未知力。

(1)取辅梁 CD 为研究对象

受力分析如图 2-48(b)所示。其中 F_{Cx}、F_{Cy}、F_D 为三个未知力。

$$F_{Cx} = 0, \qquad F_{Cy} = 5 \text{ kN}, \qquad F_D = 15 \text{ kN}$$

(2)取主梁 AC 为研究对象

受力分析如图 2-48(c)所示。在 C 处得约束反力 F'_{Cx}、F'_{Cy} 与 CD 梁上点 C 处的受力互为作用力与作用反力。

建立平衡方程如下:

$$\sum F_x = 0, \qquad F_{Ax} - F'_{Cx} = 0$$

$$\sum M_A(F) = 0, \qquad -4F'_{Cy} + F_B \times 2 - q \times 2 \times 3 = 0$$

$$\sum M_B(F) = 0, \qquad -F_{Ay} \times 2 - F'_{Cy} \times 2 - q \times 2 \times 1 = 0$$

得 $F_{Ax} = 0$,$F_{Ay} = -15$ kN,$F_B = 40$ kN。其中 F_{Ay} 为负值,说明 F_{Ay} 的实际方向与图示假设方向相反。

例 2-20 如图 2-49(a)所示,人字梯 ACB 放置在光滑水平面上,且处于平衡状态。已知图中的人体重为 G,夹角为 α,长度为 l。求 A、B 和铰链 C 处的约束反力。

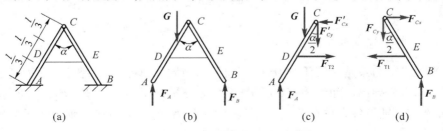

图 2-49 人字梯

解　梯子 ACB 是一个由多个物体经一定连接而成的物体系统。物体系统也可以看做单个物体,周围物体对其的作用力,称为外力,如载荷 G、约束力 F_A、F_B。而物体系统内部各部分之间的相互作用力,称为内力,如 C 点的铰接约束力和 D、E 之间的拉力。如果适当选择一研究对象,则其受力图只需画出外力,而不需画出内力。当然,所谓的外力和内力也不是绝对的。它因研究对象不同而不同,比如,只考虑杆 AC 时,C 点的铰接力就必须作为外力考虑。

（1）选取研究对象,画出整体及每个物体的受力图如图 2 – 49（b）、（c）、（d）所示 AC 和 BC 杆所受的力系均为平面任意力系,每个杆都有 4 个未知力,暂不可解。但由于物体系统整体受平面平行力系的作用,所以物体系统整体上的未知力是可解的。以整体为研究对象,求出 F_A、F_B 后,则 AC 和 BC 上的未知力便可求解了。

（2）取整体作为研究对象,列平衡方程

$$\sum M_A(F) = 0, \qquad F_B \times 2l\sin\frac{\alpha}{2} - G \times \frac{2}{3}l\sin\frac{\alpha}{2} = 0$$

得到可以

$$F_B = \frac{G}{3}$$

$$\sum F_y = 0, \qquad F_A + F_B - G = 0$$

又可得到

$$F_A = G - F_B = G - \frac{G}{3} = \frac{2}{3}G$$

（3）取杆 BC 为研究对象,列平衡方程

$$\sum F_y = 0, \qquad F_B - F_{Cy} = 0$$

可以得到

$$F_{Cy} = F_B = \frac{G}{3}$$

$$\sum M_E(F) = 0 \quad F_B \times \frac{l}{3}\sin\frac{\alpha}{2} + F_{Cy} \times \frac{2}{3}l\sin\frac{\alpha}{2} - F_{Cx} \times \frac{2}{3}l\cos\frac{\alpha}{2} = 0$$

得

$$F_{Cx} = \frac{G}{2}\tan\frac{\alpha}{2}$$

2. 平面平行力系的平衡方程

平面平行力系是平面任意力系的一种特殊情况,其平衡方程可由平面任意力系的平衡方程导出。如图 2 – 50 所示,设物体受平面平行力系 F_1,F_2,$\cdots$,F_n 的作用,如选取 x 轴与各力垂直,则不论力系是否平衡,每一个力在 x 轴上的投影恒等于零。于是,平行力系只有两个独立的平衡方程,即

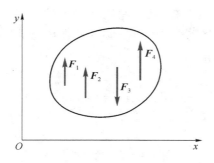

图 2 - 50　平面平行力系

$$\sum F_y = 0$$

$$\sum M_O(F) = 0 \qquad (2 - 13)$$

平面平行力系的平衡方程,也可用两个力矩方程的形式表示,即

$$\sum M_A(F) = 0$$

$$\sum M_B(F) = 0 \qquad (2 - 14)$$

附加条件:A、B 两点的连线不与各力作用线平行。

　　例 2 - 21　已知如图 2 - 51 所示,起重机重 $G = 100$ kN,最大起重量 $F_G = 36$ kN,图 2 - 51 所示尺寸 $b = 0.6$ m,$l = 10$ m,$a = 3$ m,$x = 4$ m,起重臂上平衡铁重 F_Q,试求此起重机在满载与空载时都不至于翻倒的平衡重 F_Q 值的范围。

　　解　(1) 取起重机为研究对象

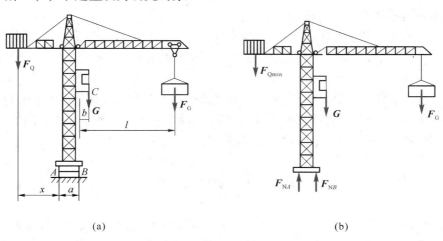

(a)　　　　　　　　　　　　(b)

图 2 - 51　起重机受力

(2) 画受力图

　　起重机在平衡时,受有 F_G、F_Q、G、F_{NA}、F_{NB} 五个力的作用,这些力组成一平面平行力系,按题意可分为满载右翻和空载左翻两个临界状态。当 $F_Q = F_{Qmin}$ 时,要

防止起重机满载时绕 B 轨右翻,此时左轨 A 处于悬空,$F_{NA}=0$。同理,当取 $F_Q=F_{Qmax}$ 时,要防止起重机空载绕 A 轨左翻,此时右轨 B 处于悬空,$F_G=0$,$F_{NB}=0$。

(3) 列平衡方程求解

满载时,有

$$F_G=F_{Gmax},F_Q=F_{Qmin},F_{NA}=0$$

$$\sum M_B(F)=0 \qquad F_{Qmin}(x+a)-Gb-F_GL=0$$

$$F_{Qmin}=\frac{G+F_GL}{x+a}=60\ kN$$

空载时,有

$$F_G=0,F_Q=F_{Qmax},F_{NB}=0$$

$$\sum M_A(F)=0 \qquad F_{Qmax}-G(b+a)=0$$

$$F_{Qmax}=\frac{G(a+b)}{x}=90\ kN$$

在 $x=4$ m 的条件下,平衡重的范围为:$60\ kN\leqslant F_Q\leqslant 90\ kN$

2.5 摩擦*

前几节在讨论物体的平衡问题时,把物体的接触表面看成是绝对光滑的,忽略了物体间的摩擦,这是因为在工程中有些物体的表面比较光滑,且具有良好的润滑条件,摩擦力对所研究的问题影响不大。但是大多数工程技术问题中,摩擦对于物体平衡或运动状态的影响很大。

在日常生活和生产实践中,摩擦现象处处可见,如:车轮与路面之间,带与带轮之间,车床上卡盘夹固工件等,这些是摩擦对人类生活和生产有利的一面,但也有不利的一面。机器运转中,由于摩擦的存在,不仅损耗大量的能量,同时使机器中的机件产生磨损,降低机件的寿命。研究摩擦的目的是掌握摩擦规律,利用摩擦有利的一面进行工作,同时尽量减小或避免其不利的一面。按照接触体之间的运动情况,摩擦可以分为滑动摩擦和滚动摩擦。

2.5.1 滑动摩擦

两个相互接触的物体,当有相对滑动或相对滑动趋势时,在接触面间就产生阻碍相对滑动的力,这种力称为滑动摩擦力。为了研究滑动摩擦力的规律,可做一简单的试验。设重为 G 的物体 M 放在一固定的水平面上(图 2-52(a)),物体只受重力 G 和法向反力 F_N 的作用处于平衡,如图 2-52(b)所示。显然物体在水平方向没有滑动趋势,也就不存在摩擦。现在给物体一个水平拉力 F_P(图 2-52(c)),其大小可由弹簧秤读出,下面讨论几种情况。

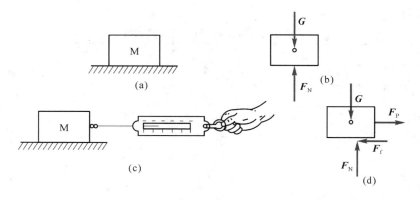

图 2-52　静滑动摩擦力

1. 静滑动摩擦力

当拉力 F_P 逐渐增大时,物体并没有被拉着向右滑动,这是因为接触面产生了阻碍物体滑动的摩擦力 F_f(图 2-52(d))。这种在两个接触面之间有相对滑动趋势而尚未滑动时产生的摩擦力称为静滑动摩擦力,简称静摩擦力。根据图 2-42(d),由平衡条件得

$$\sum F_x = 0, F_f = F_P$$

$$\sum F_y = 0, F_N = G$$

如果拉力 F_P 再继续增加,其值在一定范围内物体仍保持静止,这表明在此范围内,摩擦力 F_f 随拉力的增大而增大。可见,静摩擦力的大小是个不固定的值。只要物体保持静止,它的大小就应由平衡条件来决定,其方向与物体滑动趋势方向相反。

2. 最大静滑动摩擦力

进一步的试验表明,当拉力达到某一定值 F_K 时,物体处于将要滑动而尚未滑动的临界状态,称此状态为临界平衡状态或临界状态,此时只要拉力稍微大一点或受到环境的任何干扰,物体即开始滑动。可见,当物体处于临界平衡状态时,静滑动摩擦力达到最大值,称为最大静滑动摩擦力,简称最大静摩擦力,以 F_{fmax} 表示。

大量试验表明,最大静摩擦力的方向与相对滑动趋势方向相反,大小与两物体间的正压力(即法向反力)F_N 的大小成正比,即

$$F_{fmax} = f F_N \tag{2-15}$$

这是一个近似的实验定律,也就是静摩擦定律。式中比例系数 f 称为静滑动摩擦因数,简称静摩擦因数。它是反映摩擦表面物理性质的一个比例常数,其数值与相互接触物体的材料、接触表面的粗糙度、湿度、温度等因素有关,而与接触面面积的大小无关。具体数值可由实验测定,对于一般的光滑表面,其数值可参

考表 2 – 1。

表 2 – 1　常用材料的滑动摩擦因数

材料名称	静摩擦因数 f		动摩擦因数 f'	
	无润滑剂	有润滑剂	无润滑剂	有润滑剂
钢—钢	0.15	0.1 ~ 0.12	0.15	0.05 ~ 0.10
钢—铸铁	0.30		0.18	0.05 ~ 0.15
钢—青铜	0.15	0.1 ~ 0.15	0.15	0.1 ~ 0.15
钢—软钢			0.2	0.1 ~ 0.2
铸铁—铸铁		0.18	0.15	0.07 ~ 0.12
皮革—铸铁	0.30 ~ 0.5	0.15	0.6	0.15
软钢—榭木	0.6	0.12	0.4 ~ 0.6	0.1
木材—木材	0.4 ~ 0.6	0.1	0.2 ~ 0.6	0.07 ~ 0.15

3. 动滑动摩擦力

继续上述试验,若拉力再增大,只要略大于 F_K,物体就向右加速滑动,这时出现阻碍物体滑动的摩擦力就是动滑动摩擦力,用 F' 表示。大量实验表明,动滑动摩擦力 F' 的大小也与接触面的正压力 F_N 成正比,即

$$F' = f'F_N$$

这就是动滑动摩擦定律,式中比例系数 f' 称为动滑动摩擦因数,其值也可由实验测定,数值可参考表 2 – 1。

一般轮子在主动力作用下克服滚动摩擦产生滚动时,其滚动摩擦力 F' 要远远小于最大的静摩擦力 F_{max}。比如,直径为 450 mm 的充气橡胶轮胎在混凝土地面上,使其滑动的动力大概为使其滚动所需动力的 100 倍。从而在物体之间有相对运动的场合里,尽量用滚动摩擦代替滑动摩擦,以减少阻力。车轮、滚动轴承就是很好的例子。

综上所述,在考虑摩擦时,首先要分清物体处于静止、临界和滑动三种情况中的哪一种,然后选用相应的方法来计算摩擦力。静止时,静摩擦力 F_f 由静力平衡条件确定,其大小为 $0 \leqslant F_f \leqslant F_{fmax}$,随作用于物体上其他力的大小而变化。达到临界平衡状态或滑动时,则选用最大静摩擦力 $F_{fmax} = fF_N$ 或动摩擦力 $F' = f'F_N$ 的公式。

2.5.2　自锁

1. 摩擦角

在分析图 2 – 53 中物块 A 的受力情况时,为了计算方便,有时常以法向反力

F_N 与静摩擦力 F_f 的合力 F_R 来代替它们的作用，F_R 称为支承面的全反力。全反力 F_R 与接触表面的法线间的夹角 φ 将随着摩擦力的增大而增大（图 2 – 53（a）），当摩擦力达到最大值 F_{fmax} 时，φ 也达到最大值 φ_m（图 2 – 53（b））。φ_m 称为摩擦角，由图 2 – 53（b）可得

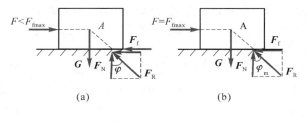

图 2 – 53　摩擦角

$$\tan\varphi_m = \frac{F_{fmax}}{F_N} = \frac{fF_N}{F_N} = f$$

$$0 \leqslant \varphi \leqslant \varphi_m \qquad\qquad (2-16)$$

由于静摩擦力不可能超出最大值，因此全反力 F_R 的作用线也不可能超出摩擦角以外，即全反力必在摩擦角之内。因此，摩擦角表示了全反力能够生成的范围。如物体与支承面的摩擦因数在各个方向均相同，则这个范围在空间就形成了一个锥体，称为摩擦锥。全反力的作用线不可能超出摩擦锥，如图 2 – 54 所示。

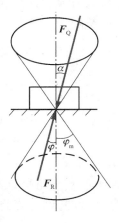

图 2 – 54　摩擦锥

2. 自锁

如图 2 – 54 所示，若作用于物体上的全部主动力的合力 F_Q 的作用线在摩擦锥之内，由二力平衡条件可知，物体上必能产生一个与其等值、反向、共线的全反力而使其平衡。这时不论主动力多大，都不会使物体移动，这种现象称为自锁。图2 – 54所示物体的自锁条件是 $\alpha \leqslant \varphi_m$。若作用在物体上的全部主动力的合力的作用线在摩擦锥

之外,则无论该力有多么小,物体都将失去平衡而滑动。

2.5.3 考虑摩擦时的平衡问题

考虑摩擦的情况下,物体的平衡问题也是用平衡方程来解决,只是在分析物体受力时,必须考虑摩擦力。在一般平衡状态下,$0 \leqslant F_f \leqslant F_{fmax}$;在临界平衡状态下,$F_{fmax} = f F_N$ 作为补充方程。

例 2 – 22　如图 2 – 55 所示的梯子 AB 一端靠在铅垂墙上,另一端放置在水平地面上。假定梯子与墙是光滑接触,与地面的滑动摩擦系数是 f_s,梯重 G。求:

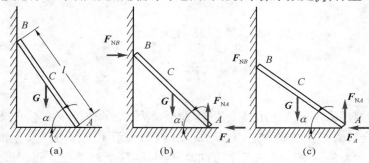

图 2 – 55　梯子

① 若 $\alpha = \alpha_1$ 时保持平衡,求约束力 F_{NA}、F_{NB} 和摩擦力 F。

② 若使梯子不致滑倒,求 α 的范围。

解　(1)　$\sum M_A(F) = 0, G \times \dfrac{l}{2} \cos \alpha_1 - F_{NB} \times l \sin \alpha_1 = 0$

$$F_{NB} = \frac{G \cos \alpha_1}{2 \sin \alpha_1}$$

$$F = - F_{NB} = - \frac{G \cos \alpha_1}{2 \sin \alpha_1}$$

$$\sum F_y = 0 \qquad F_{NA} = G$$

所以真实的摩擦力应该向左。事实上可以从"摩擦力是阻碍运动趋势的作用"来判断 F 的方向:假定地面是光滑的,则 A 点将向右运动,所以摩擦力必定应该向左。

(2)　同前面计算,在图 2 – 55(c)中

$$F = \frac{G \cos \alpha}{2 \sin \alpha} \leqslant f_s G$$

所以

$$\alpha \geqslant \arctan \frac{1}{2 f_s}$$

例 2 – 23　斜面上放一重为 G 的物体,斜面的倾角为 α(图 2 – 56(a)),物体与斜面之间的摩擦角为 φ_m,$\alpha > \varphi_m$,试求维持物体在斜面静止时的最小水平推力值。

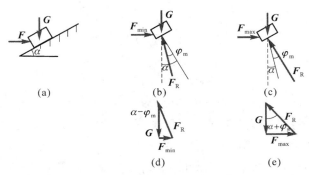

图 2-56 斜面滑块受力分析

解 由于物体处于临界平衡状态,有向下滑动趋势,所以摩擦力达到最大值,方向沿斜面向上,受力状况如图 2-56(b) 所示。这些力构成一平面汇交力系,根据平面汇交力系平衡的几何条件,作封闭的力三角形,由三角关系可得

$$F_{\min} = G\tan(\alpha - \varphi_{\mathrm{m}})$$

例 2-24 物体重 $G = 980$ N,放在一倾角 $\alpha = 30°$ 的斜面上。已知接触面间的静摩擦系数为 $f_{\mathrm{s}} = 0.20$。有一大小为 $F_{\mathrm{Q}} = 588$ N 的力沿斜面推物体如图 2-57(a) 所示,问物体在斜面上处于静止还是处于滑动状态? 若静止,此时摩擦力多大?

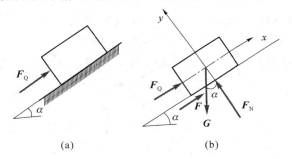

图 2-57 斜面物体摩擦力计算

解 可先假设物体处于静止状态,然后由平衡方程求出物体处于静止状态时所需的静摩擦力 F,并计算出可能产生的最大静摩擦力 $F_{\max}$,将两者进行比较,确定力 F 是否满足 $F \leqslant F_{\max}$,从而断定物体是静止的还是滑动的。

设物体沿斜面有下滑的趋势;受力图及坐标系如图 2-57(b) 所示。

由

$$\sum F_x = 0 , \qquad F_{\mathrm{Q}} - G\sin\alpha + F = 0$$

解得

$$F = G\sin\alpha - F_{\mathrm{Q}} = -98 \text{ N}$$

由

$$\sum F_y = 0 , \qquad F_{\mathrm{N}} - G\cos\alpha = 0$$

解得

$$F_N = G\cos\alpha = 848.7 \text{ N}$$

根据静摩擦定律,可能产生的最大静摩擦力为

$$F_{\max} = f_s N = 169.7 \text{ N}$$

$$|F| = 98 \text{ N} < 169.7 \text{ N} = F_{\max}$$

结果说明物体在斜面上保持静止。而静摩擦力 F 为 -98 N,负号说明实际方向与假设方向相反,故物体沿斜面有上滑的趋势。

例 2 - 25 重 G 的物体放在倾角 $\alpha \geq \varphi_m$ 的斜面上,如图 2 - 58(a)所示,求维持物体在斜面上静止时的水平推力 F_P 的大小。

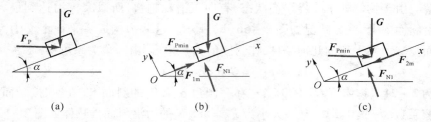

图 2 - 58 斜面物体水平推力计算

解 因为斜面倾角 $\alpha \geq \varphi_m$,物体处于非自锁状态,当物体上没有其他力作用时,物体将沿斜面下滑。当作用在物体上的水平推力 F_P 过小时,则物体下滑;若力 F_P 过大,又将使物体上滑。因此欲使物体静止,力 F_P 的大小必在某一范围内。即

$$F_{P\min} \leq F_P \leq F_{P\max}$$

(1) 求 $F_{P\min}$

先求刚好维持物体不至于下滑所需力 F_P 的最小值 $F_{P\min}$。此时物体处于下滑的临界状态,其受力图及坐标系如图 2 - 58(b)所示。

由

$$\sum F_x = 0, \qquad F_{P\min}\cos\alpha - G\sin\alpha + F_{1m} = 0$$

$$\sum F_y = 0, \qquad F_{N1} - F_{P\min}\sin\alpha - G\cos\alpha = 0$$

所以

$$N_1 = F_{P\min}\sin\alpha + G\cos\alpha F_{N1} = F_{P\min}\sin\alpha + G\cos\alpha$$

列补充方程:

$$F_{1m} = f_s F_{N1}, f_s = \tan\varphi_m$$

解得

$$F_{P\min} = \frac{G(\sin\alpha - f_s\cos\alpha)}{(\cos\alpha + f_s\sin\alpha)} = G\tan(\alpha - \varphi_m)$$

(2) 求 $F_{P\max}$

$F_{P\max}$ 为使物体不致向上滑动的力 F_P 的最大值。此时物体处于上滑的临界平

衡状态,其受力图及坐标如图 2-58(c)所示。

由

$$\sum F_x = 0, \qquad F_{P\max}\cos\alpha - F_{2m} - G\sin\alpha = 0$$

$$\sum F_y = 0, \qquad F_{N2} - F_{P\max}\sin\alpha - G\cos\alpha = 0$$

有

$$F_{N2} = F_{P\max}\sin\alpha + G\cos\alpha$$

列补充方程:

$$F_{2m} = f_s F_{N2}, \qquad f_s = \tan\varphi_m$$

解得 $F_{P\max}$

$$F_{P\max} = \frac{G(\sin\alpha + f_s\cos\alpha)}{(\cos\alpha - f_s\sin\alpha)} = G\tan(\alpha + \varphi_m)$$

可见,要使物体在斜面上保持静止,力 $\boldsymbol{F}_P$ 必须满足下列条件:

$$G\tan(\alpha - \varphi_m) \leqslant F_P \leqslant G\tan(\alpha + \varphi_m)$$

本题也可用全约束力来表示斜面的约束力 $\boldsymbol{F}_R$,同样可得到上述结果。

2.6 空间力系[*]

力系中各力的作用线不在同一平面内,该力系被称为空间力系。空间任意力系是力系中最普通的情形,其他各种力系都是它的特殊情形,因此从理论上说,研究空间任意力系的简化和平衡将使我们对静力学基本原理有一个全面的完整的了解。从工程实际上来说,许多工程结构的构件都受空间任意力系的作用,当设计计算这些结构时需要用空间任意力系的简化理论。空间任意力系向一点简化的理论基础,仍是力的平移定理。

按力系各力作用线的分布情况,空间力系可分为空间汇交力系、空间平行力系、空间力偶系和空间任意力系。

2.6.1 力在空间轴上的投影

按照矢量的运算规则,可将一个力分解成两个以上的分力。最常用的是将一个力分解成为沿直角坐标轴 x、y、z 的分力。设有力 $\boldsymbol{F}$,根据矢量分解公式有

$$\boldsymbol{F} = F_x\mathbf{i} + F_y\mathbf{j} + F_z\mathbf{k}$$

式中,$\mathbf{i}$、$\mathbf{j}$、$\mathbf{k}$ 是沿轴正向的单位矢量,如图 2-59 所示,F_x、F_y、F_z 分别是力在 x、y、z 轴上的投影。

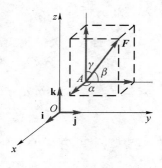

图 2 - 59　一次投影

1. 一次投影法

若已知力 F 与 x、y、z 轴正向夹角 α、β、γ,则力 F 在三个坐标轴上的投影分别为

$$\begin{cases} F_x = F\cos \alpha \\ F_y = F\cos \beta \\ F_z = F\cos \gamma \end{cases} \tag{2-17}$$

2. 二次投影法

若已知角 γ 和 θ(图 2 - 60)则可先将力 F 投影到坐标平面上,得到 F';再将 F' 投影到 x 轴和 y 轴上。于是,力 F 在三个坐标轴上的投影可写为

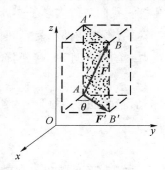

图 2 - 60　二次投影

$$\begin{cases} F_x = F'\cos \theta = F\sin \gamma\cos \theta \\ F_y = F'\sin \theta = F\sin \gamma\sin \theta \\ F_z = F\cos \gamma \end{cases} \tag{2-18}$$

应当指出,力在轴上的投影是代数量,而力在平面上的投影是矢量。这是因为力在平面上的投影有方向问题,故需用矢量来表示。

2.6.2　力对轴之矩

1. 力对轴之矩的概念

力对点之矩和力对轴之矩都是度量物体转动效应的物理量,二者既有联系,又有区别。在空间问题中,力对点之矩是矢量,而力对轴之矩是代数量。

一个力对于某轴之矩等于这个力在垂直于该轴的平面上的投影对于该轴与该平面的交点之矩。例如,在图 2–61 中,有一力 $F = AB$ 及一轴 z。任取一平面 N 垂直于 z 轴,z 轴与平面 N 的交点为 O。将力 F 投影到平面 N 上,得 $F' = A'B'$。以 d 表示点 O 至 F' 的垂直距离,则力 F 对于 z 轴的矩等于 F' 对于 O 点之矩,如令 $M_z(F)$ [也可写作 M_z] 代表 F 对于 z 轴的矩,则

$$M_z(F) = M_O(F') = \pm F'd \tag{2-19}$$

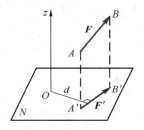

图 2–61　力对轴之矩

z 轴常称为矩轴,式中的正负号表示力 F 使物体绕 z 轴的转动方向。按右手螺旋法则确定,即以四指表示力矩转向,如大拇指所指方向与 z 轴正向一致则取正号,反之取负号。

2. 合力矩定理

空间力系的合力对某一轴之矩等于力系中各分力对同一轴之矩的代数和,即

$$M_z(F_R) = M_z(F_1) + M_2(F_2) + \cdots + M_z(F_N) = \sum M_z(F_I) \tag{2-20}$$

这就是空间力系的**合力矩定理**。力对轴之矩除了利用定义进行计算外,还常利用合力矩定理进行计算。

2.6.3　平衡方程及其应用

类似于平面力系,将空间力系向一点简化,并对简化结果进行分析后,可以得

到空间力系平衡的必要和充分条件是,各力在三个坐标轴上投影的代数和以及各力对此三轴之矩的代数和分别等于零。平衡方程为

$$\sum F_x = 0, \sum F_y = 0, \sum F_z = 0 \\ \sum M_x = 0, \sum M_y = 0, \sum M_z = 0 \Bigg\} \tag{2-21}$$

式(2-21)有6个独立的平衡方程,可以求解6个未知数。

从空间任意力系的平衡方程,很容易导出空间汇交力系和空间平行力系的平衡方程。如图2-62(a)所示,设物体受一空间汇交力系的作用,若选择空间汇交力系的汇交点为坐标系 $Oxyz$ 的原点,则不论此力系是否平衡,各力对三轴之矩恒为零,即 $\sum M_x(F) \equiv 0, \sum M_y(F) \equiv 0, \sum M_z(F) \equiv 0$。因此,空间汇交力系的平衡方程为

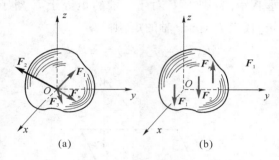

(a)　　　　　　　(b)

图 2-62　空间汇交力系和平行力系

$$\sum F_x = 0, \sum F_y = 0, \sum F_z = 0 \tag{2-22}$$

如图2-62(b)所示,设物体受一空间平行力系的作用。轴与这些力平行,则各力对于轴的矩恒等于零;又由于 x 轴和 y 轴都与这些力垂直,所以各力在这两个轴上的投影也恒等于零。即 $\sum M_z(F) \equiv 0, \sum F_x \equiv 0, \sum F_y \equiv 0$。因此空间平行力系的平衡方程为

$$\sum F_z = 0, \sum M_x(F) = 0, \sum M_y(F) = 0 \tag{2-23}$$

空间汇交力系和空间平行力系分别只有3个独立的平衡方程,因此只能求解3个未知数。

求解空间力系平衡问题的步骤与平面力系相同,即选取研究对象、画受力图、列平衡方程和解平衡方程4步。

例2-26　用三脚架 $ABCD$ 和绞车提升一重物如图2-63(a)所示。设 ABC 为一等边三角形,各杆及绳索均与水平面成60°的角。已知重物 $G = 30$ kN,各杆均为二力杆,滑轮大小不计。试求重物匀速吊起时各杆所受的力。

解　取铰 D 为分离体,画受力图如图2-63(b)所示,各力形成空间汇交力系。

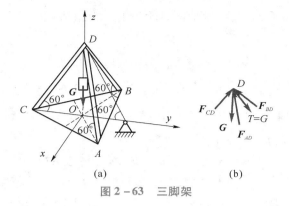

图 2 - 63　三脚架

由

$$\sum F_x = 0, \quad -F_{AD}\cos 60°\sin 60° + F_{BD}\cos 60°\sin 60° = 0$$

得

$$F_{AD} = F_{AD}$$

解
同理

$$\sum F_y = 0, T\cos 60° + F_{CD}\cos 60° - F_{AD}\cos 60°\cos 60° - F_{BD}\cos 60°\cos 60° = 0$$

得

$$G + F_{CD} - 0.5F_{AD} - 0.5F_{BD} = 0$$

同理

$$\sum F_z = 0, \quad F_{AD}\sin 60° + F_{CD}\sin 60° + F_{BD}\sin 60° - T\sin 60° - G = 0$$

得

$$0.866(F_{AD} + F_{CD} + F_{BD}) - (0.866 + 1)G = 0$$

联立求解得

$$F_{AD} = F_{BD} = 31.55 \text{ kN}, F_{CD} = 1.55 \text{ kN}。$$

例 2 - 27　一辆三轮货车自重 $G = 5$ kN, 载重 $F = 10$ kN, 作用点位置如图 2 - 64 所示。求静止时地面对轮子的反力。

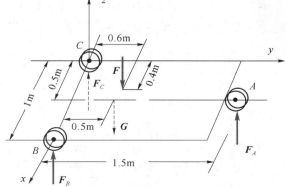

图 2 - 64　三轮货车

解 货车自重 G、载重 F 及地面对轮子的反力组成空间平行力系。列平衡方程得：

$$\sum F_x = 0 \qquad F_A + F_B + F_C - F_G - F = 0$$

$$\sum M_x(F) = 0 \qquad 1.5F_A - 0.5F_G - 0.6F = 0$$

$$\sum M_y(F) = 0 \qquad -0.5F_A - 1F_B + 0.5F_G + 0.4F_A = 0$$

联立以上方程得

$$F_A = 5.67 \text{ kN}, F_B = 5.66 \text{ kN}, F_C = 3.67 \text{ kN}$$

例 2 - 28 某厂房立柱下端固定，柱顶承受力 F_1，牛腿上承受铅直力 F_2 及水平力 F_3，取坐标系如图 2 - 65 所示。F_1、F_2 在 yOz 平面内，与 z 轴的距离分别为 $e_1 = 0.1$ m，$e_2 = 0.34$ m；F_3 平行于 x 轴。已知 $F_1 = 120$ kN，$F_2 = 300$ kN，$F_3 = 25$ kN，立柱自重 $G = 40$ kN，$h = 6$ m。试求基础的约束反力。

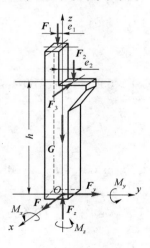

图 2 - 65

解 取立柱为研究对象，画受力图。立柱为固定端，基础对立柱的约束力为 F_x, F_y, F_z，约束力偶矩为 M_x, M_y, M_z，约束力和约束力偶矩均设为正向，如图 2 - 65 所示，这些力与立柱上各荷载形成空间任意力系。列平衡方程为

$$\sum F_x = 0, F_x - F_3 = 0$$

$$\sum F_y = 0, F_y = 0$$

$$\sum F_z = 0, F_z - F_1 - F_2 - F_G = 0$$

$$\sum M_x(F) = 0, M_x + F_1 e_1 - F_2 e_2 = 0$$

$$\sum M_y(F) = 0, M_y - F_3 h = 0$$

$$\sum M_z(F) = 0, M_z + F_3 e_2 = 0$$

将已知数值代入以上方程并求得柱子的约束反力为

$$F_x = 25 \text{ kN} \quad F_y = 0 \quad F_z = 460 \text{ kN}$$

$$M_x = 90 \text{ kN} \cdot \text{m} \quad M_y = 150 \text{ kN} \cdot \text{m} \quad M_z = -8.5 \text{ kN} \cdot \text{m}$$

正号表示约束力、约束力偶矩的假设方向与实际方向一致,负号表示方向相反。

本章小结

重点:几种典型约束的约束反力,物体的受力分析及受力图的绘制。力的投影,用解析法求平面汇交力系的合力。力矩、力偶的性质与计算,平面力偶系的合成与平衡。平面任意力系的平衡条件、平衡方程及其应用。

难点:物体的受力分析及受力图的绘制。用平面汇交力系的平衡方程求解未知力,平面任意力系平衡方程的应用。

思考题与习题

2 – 1 力的三要素是什么? 如图 2 – 66 所示的两个矢量 F_1、F_2 大小、方向相同,它们对刚体的作用效果是否相同?

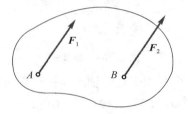

图 2 – 66 题 2 – 1

2 – 2 确定约束反力方向的原则是什么? 光滑铰链约束有什么特点?

2 – 3 二力平衡条件与作用反作用定律有何异同?

2 – 4 何谓平衡力系、等效力系、分力和合力? 合力是否一定比分力大?

2 – 5 如图 2 – 67 所示直杆的 A 点上作用一已知力 F,能否在杆的 B 点加一个力使杆平衡? 为什么?

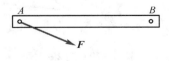

图 2 – 67 题 2 – 5

2 – 6 什么叫二力杆? 试指出图 2 – 68 中哪些是二力杆? 设各杆自重不计,

各接触处的摩擦不计。

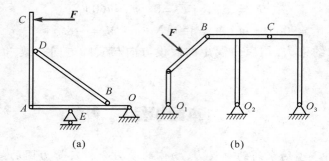

图 2-68　题 2-6

2-7　图 2-69 中有五个力平行四边形,问各图形中哪些力 F_R 是对应 F_1、F_2 的合力? 如果不是,试画出正确的合力。各力的作用点都在 A 点。

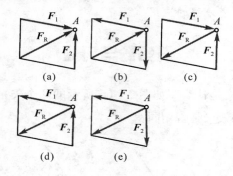

图 2-69　题 2-7

2-8　同一个力在两个互相平行的轴上的投影有何关系? 如果两个力在同一轴上的投影相等,问这两个力的大小是否一定相等?

2-9　某刚体受平面汇交力系作用,其力多边形如图 2-70 所示,问这些图中哪一个图是平衡力系? 哪一个图是有合力的? 其合力又是哪一个?

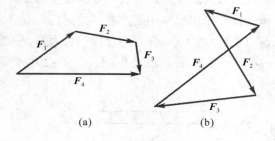

图 2-70　题 2-9

2-10　用解析法求平面汇交力系的合力时,若取不同的直角坐标轴,所求得的合力是否相同? 为什么?

2－11 平面汇交力系在任意两根轴上的投影的代数和分别等于零,则力系必平衡,对吗? 为什么?

2－12 试举例说明静定和超静定的区别。

2－13 某平面力系向 A、B 两点简化的主矩皆为零,此力系简化的最终结果可能是一个力吗? 可能是一个力偶吗? 可能平衡吗?

2－14 试比较力矩与力偶矩的异同。

2－15 力偶是否可用一个力来平衡? 为什么?

2－16 试根据"力偶只能与另一力偶相平衡"的性质,判定图2－71中固定铰链支座的约束反力的方位。

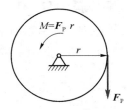

图2－71 题2－16

2－17 将图2－72中作用在轮缘上的力 F 等效地平移到其转轴上,并写出结果。

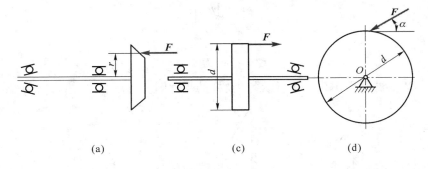

图2－72 题2－17

2－18 静摩擦定律中的正压力是指什么? 它是不是接触物体的重力? 应当怎样求出?

2－19 滑动摩擦力(含静摩擦和动摩擦力)的方向如何确定? 试分析卡车在开动及刹车时,置于卡车上的重物所受到的摩擦力的方向。

2－20 一般卡车的后轮是主动轮,前轮是从动轮。试分析作用在卡车前、后轮上摩擦力的方向。

2－21 静摩擦力等于法向反力与静摩擦系数的乘积,对否? 置于非光滑斜面上,处于静止状态的物块,受到静摩擦力大小等于非光滑面对物块的法向反力的大小与静摩擦系数的乘积,对否?

2-22 什么是自锁？影响自锁条件的因素有哪些？它与作用力的大小有没有关系？螺旋的自锁条件是什么？

2-23 如图2-73所示，水平力 $F_P = 400$ N，将重 $G = 100$ N的物体压在墙上，物块与墙间的摩擦因数 $f = 0.3$，求物块与墙间的摩擦力 F_f 及全反力 F_R。

图2-73 题2-23

2-24 重 G 的物体放在地面上，如图2-74所示，有一主动力 F_P 刚好作用在摩擦锥之外，此时物体是否一定移动？

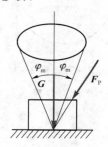

图2-74 题2-24

2-25 试画出图2-75所示各 AB 杆的受力图。

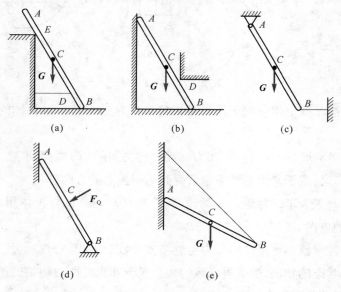

图2-75 题2-25

2-26 画出图 2-76 所示指定物体的受力图。

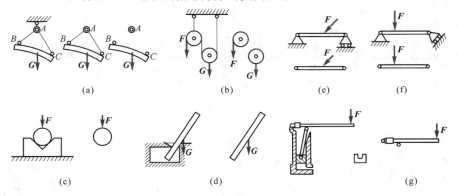

(a)   (b)   (e)   (f)

(c)   (d)   (g)

图 2-76 题 2-26

2-27 已知：$F_1 = 1\,000\,\text{N}$，$F_2 = 1\,500\,\text{N}$，$F_3 = 3\,000\,\text{N}$，$F_4 = 2\,000\,\text{N}$，各力的方向如图 2-77 所示，试求各力在 x、y 轴上的投影。

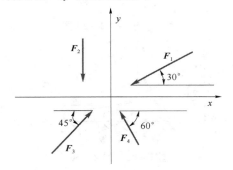

图 2-77 题 2-27

2-28 重 15 kN 的物体用两根支架悬挂（图 2-78），求 A、C 的支座反力。

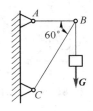

图 2-78 题 2-28

2-29 求 A、B 的支座反力（图 2-79）。

2-30 如图 2-80 所示为一夹具中的杠杆增力机构，其推力 F_P 作用于 A 点，夹紧时杆 AB 与水平线夹角 $\alpha = 10°$，试求夹紧力 F_Q 是 F_P 的多少倍？

2-31 压榨机由 AB、AC 杆及 C 块组成，尺寸如图 2-81 所示。B 点固定，且 $AB = AC$，由在 A 处的水平力 F_P 的作用使 C 块压紧物块 D，如不计压榨机本身的重

量,各接触面视为光滑,试求物块 D 所受的压力 F_N。

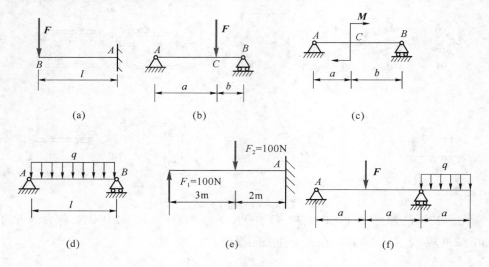

图 2 - 79　题 2 - 29 图

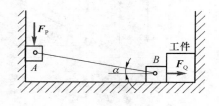

图 2 - 80　题 2 - 30

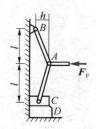

图 2 - 81　题 2 - 31

2 - 32　试求图 2 - 82 所示各种情况下力 F 对点 O 的矩。

2 - 33　试计算图 2 - 83 所示情况下力 F 对点 A 之矩。

2 - 34　如图 2 - 84 所示,汽锤锻打工件时,工件因偏置使锤头受力偏心而发生倾斜。已知:锻打力 $F_P = 10^3$ kN,偏心矩 $e = 2$ cm,锤头高 $h = 20$ cm,试求锤头施加给导轨两侧的压力。

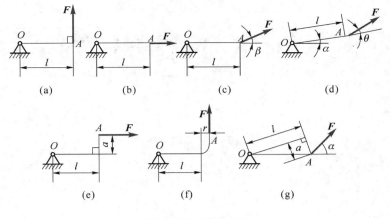

图 2 – 82 题 2 – 32

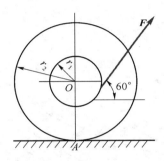

图 2 – 83 题 2 – 33

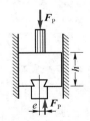

图 2 – 84 题 2 – 34

2 – 35 已知 $F = 400$ N，$a = 50$ cm，$M = 10$ N·m，$q = 10$ N/cm，求图 2 – 85 所示各梁的支座反力。

2 – 36 如图 2 – 86 所示，电动机重 $G = 1\,500$ kg，放在水平梁 AB 的中间，梁 AB 长为 l，梁的 A 端以铰链固定，B 端用杆 BC 支持，BC 与梁的交角为，如忽略梁和杆的重量，求杆 BC 的受力。

2 – 37 如图 2 – 87 所示为高炉上料小车，车和料共重 $G = 40$ kN，重心在 C 点。已知 $\alpha = 30°$，求钢索的拉力和轨道的支反力。

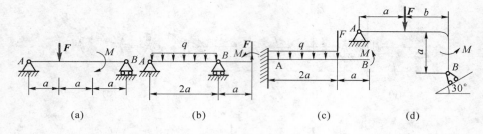

图 2-85 题 2-35

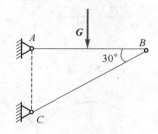

图 2-86 题 2-36

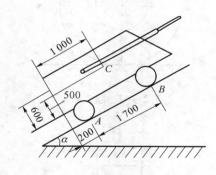

图 2-87 题 2-37

2-38 重物 G 置于水平面上,受力如图 2-88 所示,是拉还是推省力? 若 α =30°,设摩擦系数为 f=0.25, 试求在物体将要滑动的临界状态下, F_1 与 F_2 的大小相差多少?

图 2-88 题 2-38

2-39 如图 2-89 所示,一钢结构节点,在沿 OA、OB、OC 的方向受到 3 个力的作用。已知 F_1 =1 kN, F_2 =1.41 kN, F_3 =2 kN,试求这三个力的合力。

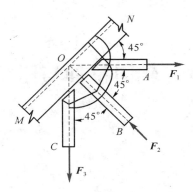

图 2 – 89　题 2 – 39

2 – 40　如图 2 – 90 所示,已知挡土墙自重 $G = 400$ kN,土压力 $F = 320$ kN,水压力 $F_1 = 176$ kN,求这些力向底部中心 O 简化的结果;如简化为一合力,试求出合力作用线的位置。图中长度单位为 m。

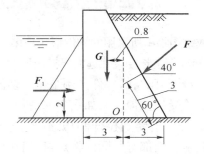

图 2 – 90　题 2 – 40

第3章 轴向拉伸与压缩变形

本章知识点

1. 拉压变形的基本概念
2. 截面法计算构件的内力
3. 构件拉压变形时应力的计算公式
4. 零件拉压变形时材料的力学性能
5. 零件拉压变形时的强度校核、截面设计、最大载荷的计算

3.1 拉伸和压缩的概念

在工程实际中,机器或结构物中所采用的构件形状是多种多样的。大多数构件,如轴、梁、柱、丝杠、连杆和螺栓等都是长度尺寸远大于横向尺寸,把这类构件称为杆件。

在生产实践中,承受拉伸和压缩的杆件实例是相当多的。如图3-1所示的螺栓连接,当拧紧螺母时,螺栓受到拉伸。又如图3-2所示的三脚架,当不计杆的自重时,*AB*、*AC* 都是二力杆件,分别受到拉伸和压缩。这些杆件的结构形式各有差异,加载方式也不一样,但是它们都有共同的特点:作用在杆件上的两外力(或外力的合力)大小相等,方向相反,作用线与杆件的轴线重合,杆件产生沿轴线方向的伸长或缩短,把这种变形称为轴向拉伸或轴向压缩变形。

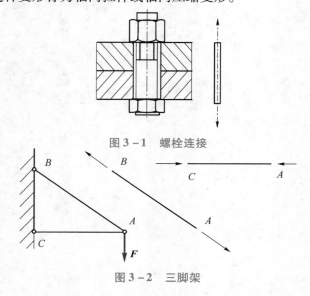

图3-1 螺栓连接

图3-2 三脚架

3.2　拉伸与压缩时横截面上的内力和应力

3.2.1　内力

为了计算杆件的强度,首先分析其内力。当杆件受到外力作用而发生变形时,其内部材料颗粒之间,因相对位置改变而产生的相互作用力,称为内力。当外力解除时,内力随之消失;外力越大内力越大,当内力增大超过某一极限时,杆件就会破坏。因此为了保证杆件安全正常的工作,就必须研究杆件的内力。

3.2.2　截面法

通过截面,使构件内力显示出来,利用静力平衡方程求解内力的方法称为截面法。它是分析杆件内力的唯一方法。如图 3-3 所示为受拉杆件(外力 F 的作用线沿杆件轴线),假想沿截面 $m-m$ 将杆件截开分为左段和右段。取左段为研究对象。在左段的截面 $m-m$ 上到处都作用着内力,其合力为 F_N。F_N 是右段对左段的作用力,并与外力相平衡。由此,可列出平衡方程:

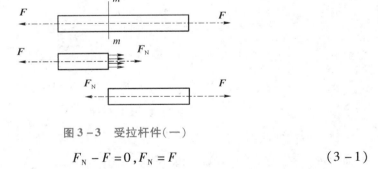

图 3-3　受拉杆件(一)

$$F_N - F = 0, F_N = F \qquad (3-1)$$

即该截面上的内力是一个与外力方向相反并通过轴线,大小等于 F 的轴向力。

综上所述,用截面法求内力的步骤如下:

① 截:在欲求内力的截面,假想沿截面将构件切开。

② 取:任选其中一部分为研究对象。

③ 代:将弃去部分对研究对象的作用,以截面上的未知内力来代替。

④ 平:建立研究对象的静力平衡方程,并求解内力。

3.2.3 轴力

对于受轴向拉、压的杆件,因外力的作用线与杆件的轴线重合,故分布内力的合力必沿杆的轴线,这种内合力称为轴力,用符号 F_N 表示。习惯上,拉伸时的轴力规定为正,压缩时的轴力规定为负。

例3-1 杆件在 A、B、C、D 各截面处作用有外力如图 3-4 所示,求 1-1、2-2、3-3 截面处的轴力。

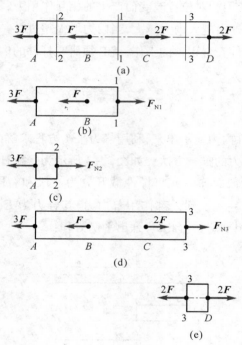

图 3-4 受拉杆件(二)

解 由截面法沿各所求截面将杆件切开,以左段为研究对象,在相应截面处画出轴力 F_{N1},F_{N2},F_{N3},列平衡方程 $\sum F_x = 0$

由图 3-4(b)知

$$F_{N1} - 3F - F = 0$$
$$F_{N1} = 3F + F = 4F$$

同理,由图 3-4(c)知

$$F_{N2} = 3F$$

由图 3-4(d)知

$$F_{N3} = 3F - 2F + F = 2F$$

由此,可得到以下结论:拉(压)杆各截面上的轴力在数值上等于该截面一侧

各外力的代数和。外力离开该截面时取为正,指向该截面时取为负,即

$$F_N = \sum_{i=1}^{n} F_i \qquad (3-2)$$

求得轴力为正时,表示此段杆件受拉;轴力为负时,表示此段杆件受压。

截面法应用要点:

① 每过一个受力点,被分析段上的外力会变化一次,需要用一次截面法。

② 截面法每次应用都只能将杆件分成两个整段,分析左段或右段应该得到同样的结果。被分析截面上的内力大小等于被分析段上所有外力之和。例如:分析 F_{N3} 时,如果分析左段时,$F_{N3} = 3F - 2F + F = 2F$,如果分析右段,$F_{N3} = 2F$,如图3-4(e)所示,则其中" + "是因为 F_{N3} 的方向不管是在图3-4(d)、(e)中都与被截截面3-3 垂直向外。

3.2.4　横截面上的应力

只知道拉(压)杆上的轴力是无法判断构件强度的。当力 F_N 很大,但拉(压)杆很粗,则杆件不一定被破坏;反之力 F_N 不大,但拉(压)杆很细,却有破坏的可能。所以,杆件是否破坏,不由横截面内力的大小决定,而是单位面积上内力的大小。单位面积上的内力称为应力,单位 N/m^2,称为 Pa。应力的常用单位是兆帕(MPa)。$1\ MPa = 10^6\ Pa = 10^6\ N/m^2 = 1\ N/mm^2$。

要了解截面上任意点的应力情况,必须清楚横截面上内力的分布规律。取一等截面直杆,试验前,在杆的表面画上两条垂直于轴线的直线 ab、cd(图3-5),然后在杆的两端加一对轴向拉力 F,此时可以观察到 ab、cd 分别平移到 $a'b'$、$c'd'$位置,而且仍然是垂直于轴线的直线。由此,可以假想杆件是由无数的纵向纤维所组成,所有的纵向纤维的伸长变形是相同的。因此,可以推想它们的受力也是相同的,在横截面各点的内力也相同。如果以 A 表示横截面的面积,以 σ 表示横截面上的应力,那么应力 σ 的大小为

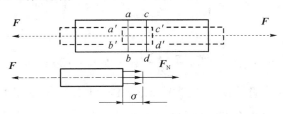

图3-5　截面上的应力

$$\sigma = F_N/A \qquad (3-3)$$

这就是拉(压)杆横截面上应力的计算公式。σ 的方向与 F_N 一致,即垂直于横截面。垂直于横截面的应力称为正应力,都用 σ 表示。正应力 σ 的符号由轴力的符号确定,即拉应力为正,压应力为负。

例3-2　一阶梯轴直杆的受力如图3-6(a)所示,已知直杆横截面的面积为

$A_{1-1} = 400 \text{ mm}^2, A_{2-2} = A_{3-3} = 300 \text{ mm}^2, A_{3-3} = 200 \text{ mm}^2$,试求各截面上的应力。

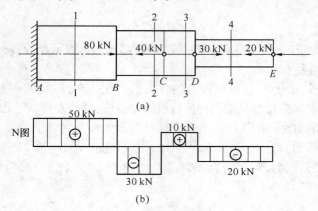

图 3-6 阶梯轴直杆

解 （1）计算轴力,画轴力图

阶梯杆各段的轴力为

$$F_{1-1} = 50 \text{ kN}, F_{2-2} = -30 \text{ kN}, F_{3-3} = 10 \text{ kN}, F_{4-4} = -20 \text{ kN}$$

轴力图如图 3-6(b)所示。

（2）计算各段的正应力

AB 段

$$\sigma_{AB} = \frac{F_{1-1}}{A_{1-1}} = \frac{50 \times 10^3}{400} \text{MPa} = 125 \text{ MPa}$$

BC 段

$$\sigma_{BC} = \frac{F_{2-2}}{A_{2-2}} = \frac{-30 \times 10^3}{300} \text{MPa} = -100 \text{ MPa}$$

CD 段

$$\sigma_{CD} = \frac{F_{3-3}}{A_{3-3}} = \frac{10 \times 10^3}{300} \text{MPa} = 33.3 \text{ MPa}$$

DE 段

$$\sigma_{DE} = \frac{F_{4-4}}{A_{4-4}} = \frac{-20 \times 10^3}{200} \text{MPa} = -100 \text{ MPa}$$

（注意:应力计算时单位应得到 MPa,1 MPa = 1 N/mm² 因此算式中力的单位为 N,长度或面积单位应带入 mm 或 mm²）

3.2.5 轴向拉伸或压缩时的变形及胡克定律

杆件受到轴向载荷之后,杆中任意一点都将产生正应力 σ,同时该点也相应地产生纵向线应变 ε。正应力 σ 与线应变 ε 存在下列关系:

$$\sigma = E \cdot \varepsilon \tag{3-4}$$

式中,E 为比例系数,称为拉压弹性模量,它是与材料有关的常量,不同材料的 E 值可查有关手册,钢的拉压弹性模量为 $E = 210\ \text{GN/m}^2 = 210\ \text{GPa}$。在一定范围(应力不超过比例极限)内,一点处的正应力同该点处的线应变成正比关系。式(3-4)称为胡克定律,适用于单向拉伸、压缩变形的杆件。

拉(压)杆的伸长量可用下式计算:

$$\Delta L = \frac{F_N L}{E \cdot A} \qquad\qquad (3-5)$$

式中,F_N 为轴力,L 为杆长。式(3-5)的应用条件为:在杆长 L 的范围内,F_N、L、A、分别为常量。式(3-5)是胡克定律的另一种表达方式。

例3-3 在图 3-7 所示的阶梯杆中,已知 $F_A = 10\ \text{kN}$,$F_B = 20\ \text{kN}$,$l = 100\ \text{mm}$,AB 段与 BC 段横截面面积分别为 $A_{AB} = 100\ \text{mm}^2$,$A_{BC} = 200\ \text{mm}^2$,材料的弹性模量 $E = 200\ \text{GPa}$。试求端面 A 与截面 $D-D$ 的相对位移。

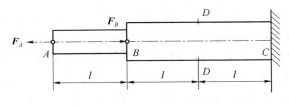

图 3-7 阶梯杆

解 (1)分别计算 AB 段与 BC 段的轴力 F_{NAB} 和 F_{NBC}

$$F_{NAB} = F_A = 10\ \text{kN}$$

$$F_{NBC} = F_A - F_B = -10\ \text{kN}$$

端面 A 与截面 $D-D$ 之间的相对位移 Δl_{AD} 应该等于端面 A 与截面 $D-D$ 之间阶梯杆的伸长量 Δl_{AD},即

$$\Delta l_{AD} = \Delta l_{AB} + \Delta l_{BD} = \frac{F_{NAB} l_{AB}}{EA_{AB}} + \frac{F_{NBC} l_{BD}}{EA_{BC}}$$

$$= \left(\frac{10 \times 10^3 \times 100 \times 10^{-3}}{200 \times 10^9 \times 100 \times 10^{-6}} + \frac{-10 \times 10^3 \times 100 \times 10^{-3}}{200 \times 10^9 \times 200 \times 10^{-6}} \right) \text{m}$$

$$= 0.25 \times 10^{-4}\ \text{m} = 0.025\ \text{mm}$$

注意:① 如轴力为正,则为拉伸变形,伸长量为正,如 AB 段;如轴力为负,则为压缩变形,压缩量为负,如 BC 段。

② 单位必须统一,$1\ \text{GPa} = 10^3\ \text{MPa}$,因为式中长度单位为 mm,力的单位为 N,所以需将 E 的单位化为 MPa。

3.3 拉伸与压缩时材料的力学性质

构件的失效方式与材料的力学性质、载荷性质、应力状态、构件的形状和尺寸、温度和环境介质等因素有关。材料的力学性质,主要是指材料受力时在强度、变形

方面表现出来的性质。材料的力学性质是通过实验手段获得的。在室温下,以缓慢平稳的方式加载进行实验,称为常温静载实验,它是测定材料力学性能的基本实验。实验采用国家标准统一规定的标准试件(图3-8)。对圆截面试件,标距 l 与横截面直径 d 有两种比例:$l = 10d$ 和 $l = 5d$。

图3-8 标准试件

3.3.1 低碳钢和铸铁的拉伸与压缩实验

实验时,把试件装在试验机上,缓慢增加拉力的作用,试件逐渐被拉长(伸长量用 ΔL 来表示),直到试件断裂为止。这样得到 F 与 ΔL 的关系曲线,称为拉伸图或 $F - \Delta L$ 曲线,如图3-9所示。拉伸图与试件原始尺寸有关,受原始尺寸的影响。为了消除原始尺寸的影响,反映材料本身的性能,将 F 除以试件的横截面面积 A,得到正应力 $\sigma = F/A$;将 ΔL 除以 L 得到线应变 $\varepsilon = \Delta L/L$。若以 σ 为纵坐标,以 ε 为横坐标,于是得到 σ 与 ε 的关系曲线,称为应力—应变图或 $\sigma - \varepsilon$ 曲线。低碳钢的应力—应变曲线如图3-10所示,整个拉伸变形过程可分为4个阶段。

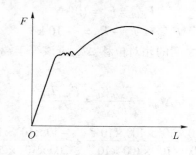

图3-9 拉伸图

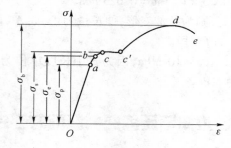

图3-10 应力-应变曲线

1. 弹性阶段

如图 3－10 所示 Ob 段为弹性阶段。

在拉伸的初始阶段，Oa 为直线段，它表明应力与应变成正比关系，即 $\sigma \propto \varepsilon$。直线最高点 a 所对应的应力值 σ_p 称为材料的比例极限。低碳钢的比例极限 $\sigma_p \approx$ 200 MPa。ab 段图线微弯，说明 σ 与 ε 不再成正比关系，而所产生的变形仍为弹性变形。b 点所对应的应力值 σ_e 称为材料的弹性极限。由于低碳钢 σ_p 与 σ_e 非常接近，因此工程上一般不严格区别，多用 σ_p 代替 σ_e。

2. 屈服阶段

如图 3－10 所示 bc' 段为屈服阶段。

当由点 b 发展到 c 点，再由 c 至 c' 点，表明应力几乎不增加而变形急剧增加，这种现象称为屈服或流动，cc' 称为屈服阶段。对应 c 点的应力值 σ_s 称为材料的屈服点。低碳钢的屈服点 $\sigma_s \approx 240$ MPa。材料屈服时，所产生的变形称为塑性变形。当材料屈服时，在试件光滑表面上可以看到与杆轴线成 45° 的暗纹，这是由于材料沿最大剪应力作用面产生滑移造成的，故称为滑移线。

3. 强化阶段

如图 3－10 所示 $c'd$ 段为强化阶段。

经过屈服后，图线由 c' 上升到 d 点，这说明材料又恢复了对变形的抵抗能力。若继续变形，必须增加应力，这种现象称为强化。最高点 d 点所对应的应力值 σ_b 称为材料的强度极限。低碳钢的强度极限 $\sigma_b \approx 400$ MPa。

4. 局部变形阶段

如图 3－10 所示 de 段为强化阶段。

当图线经过 d 点后，试件的变形集中在某一局部范围内，横截面尺寸急剧缩小（图 3－11），形成颈缩现象。由于缩颈处横截面显著减小，试件继续变形承受的拉力明显下降，直至 e 点试件被拉断。

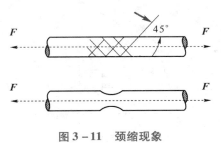

图 3－11　颈缩现象

3.3.2 铸铁拉伸时的力学性质

铸铁是工程上广泛应用的脆性材料。图 3-12 所示灰铸铁拉伸时的 $\sigma - \varepsilon$ 曲线,从开始至试件拉断,应力和应变都很小,没有屈服阶段和颈缩阶段,没有明显的直线段。在工程实际中,当 $\sigma - \varepsilon$ 曲线的曲率很小时,常以直线代替曲线 $\sigma - \varepsilon$,可以近似地认为材料服从胡克定律。直线的斜率 $E = \tan\alpha$,称为弹性模量。拉断时的最大应力 σ_b 称为材料的强度极限。一般,脆性材料的抗拉强度 σ_b 都比较低,不宜用作受拉构件的材料。

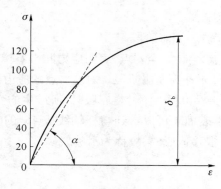

图 3-12 灰铸铁应力 - 应变曲线

3.3.3 材料压缩时的力学性质

金属材料的压缩试件一般制成短圆柱形,以免被压弯。一般圆柱高度为直径的 1.5~3 倍。

低碳钢压缩时的 $\sigma - \varepsilon$(虚线)曲线与低碳钢拉伸的 $\sigma - \varepsilon$ 曲线(实线)比较(图 3-13),在屈服阶段前,弹性模量 E、比例极限 σ_p、屈服点 σ_s 与拉伸时基本一致。屈服阶段后,试件越压越扁,不存在强度极限(图 3-13)。

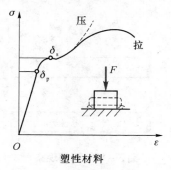

图 3-13 低碳钢压缩与拉伸的 $\sigma - \varepsilon$ 曲线

　　铸铁压缩时的 $\sigma - \varepsilon$ 曲线（实线）与铸铁拉伸的 $\sigma - \varepsilon$ 曲线（虚线）比较（图 3 – 14），其抗压强度极限 σ_{bc} 远远大于抗拉强度极限 σ_{bt}（3～4 倍）。压坏时，其断面的法线与轴线成 45°～55°，表明铸铁压缩时沿斜截面相对错动而断裂。由于脆性材料抗压强度极限 σ_{bc} 很高，所以脆性材料常用于受压构件。

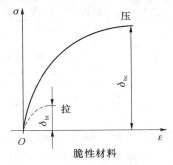

图 3 – 14　铸铁压缩与拉伸的 $\sigma - \varepsilon$ 曲线

3.3.4　塑性指标

　　试件拉断后，弹性变形消失，但塑性变形仍保留下来。工程上用试件拉断后遗留下来的变形表示材料的塑性指标。常用的塑性指标有两个：

伸长率：
$$\delta = \frac{L_1 - L}{L} \times 100\% \tag{3-6}$$

断面收缩率：
$$\psi = \frac{A - A_1}{A} \times 100\% \tag{3-7}$$

式中，L_1 为试件拉断后的标距；L 为原标距；A_1 为试件断口处的最小横截面面积；A 为原横截面面积。

　　δ、ψ 值越大，其塑性越好。一般把 $\delta \geqslant 5\%$ 的材料称为塑性材料，如钢材、铜、铝等；把 $\delta < 5\%$ 的材料称为脆性材料，如铸铁、混凝土、石料等。

3.4　拉伸与压缩时的强度计算

1. 许用应力

　　由前面所述已经知道，机器或工程结构中的每一构件，都必须保证安全可靠地工作。当构件受到的拉压作用达到或超过了材料的极限应力时，就会发生过大的塑性变形或断裂，则构件失去正常的工作能力，这种现象称之为失效。因此，工程中根据材料的屈服极限 σ_s 或抗拉极限 σ_b，考虑杆件的实际工作情况，规定了保证杆件具有足够的强度所允许承担的最大应力值，称为许用应力，常用符号 $[\sigma]$ 表示。为了保证构件的安全，必须使构件在载荷作用下工作的最大应力低于材料的

许用应力。从理论上讲，应取屈服极限 σ_s 或抗拉极限 σ_b 为许用应力 $[\sigma]$ 的值。但考虑构件的实际情况（如工作条件、载荷估计的准确性、材料的均匀性等），若取 σ_s 或 σ_b 为 $[\sigma]$，则很难保证杆件有足够的强度，因此需要一定的强度储备，即用极限应力除以大于1的安全系数 n 得到一个应力值作为材料的许用应力，用 $[\sigma]$ 表示。显然 n 是一个大于1的系数。n 越大，强度储备量越多，安全性越好，但造成材料浪费，经济性差。

塑性材料
$$[\sigma] = \frac{\sigma_S}{n} \qquad\qquad (3-7)$$

脆性材料
$$[\sigma] = \frac{\sigma_b}{n} \qquad\qquad (3-8)$$

在工程实际中，静载时塑性材料（习惯上，根据静拉伸时的伸长率来划分材料的塑性。伸长率大于5%的材料通常称为塑性材料，小于5%的称为脆性材料）一般安全系数 $n = 1.2 \sim 2.5$，对脆性材料 $n = 2 \sim 3.5$。安全系数也反映了经济与安全之间的矛盾关系。取值过大，许用应力过低，造成材料浪费。反之，取值过小，危险性加大。塑性材料，在材料屈服时就要发生过大的塑性变形而失效，故一般取屈服点 σ_s 作为极限应力；脆性材料一般取强度极限 σ_b 作为极限应力。安全系数的确定通常还可以从以下几个方面考虑：

① 载荷估算的准确性。

② 简化过程和计算方法的精确性。

③ 材料的均匀性和材料性能数据的可靠性。

④ 构件的重要性。

随着科学技术的进步，计算方法的日益精确和经验的丰富积累，安全系数的取值范围有逐渐减少的趋势。

2. 强度条件

为了保证构件安全可靠地工作，必须使构件的最大工作应力小于或等于材料的许用应力，即

$$\sigma_{max} = \frac{F_{Nmax}}{A} \leqslant [\sigma] \qquad\qquad (3-9)$$

3. 根据强度条件可以解决三个方面的问题

（1）强度校核

若已知杆件尺寸、载荷及材料的许用应力，可检验杆件强度是否满足要求。

（2）设计截面

若已知杆件承受的载荷及材料的许用应力，可将式（3-9）改写为 $A \geqslant \dfrac{F_N}{[\sigma]}$，由

此可进行截面设计。

（3）确定许用载荷

若已知杆件尺寸和材料的许用应力，可将式（3-9）改写为 $F_N \leq A \cdot [\sigma]$，由此可计算构件所能承受的最大载荷。

例 3-4 一台总重 $G = 1.1$ kN 的电动机，采用 M8 的吊环螺钉（螺纹大径为 8 mm，小径为 6.4 mm），如图 3-15 所示。其材料为 Q215 钢，许用拉应力 $[\sigma] = 40$ MPa。试校核吊环螺杆的强度。

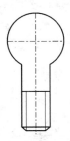

图 3-15　吊环螺钉

解 吊环螺杆承受的轴力 $F_N = G = 1.1$ kN $= 1.1 \times 10^3$ N，螺杆横截面上的应力为

$$\sigma_{max} = \frac{F_N}{A_{min}} = \frac{4 \times 1.1 \times 10^3}{\pi \times 6.4^2} \approx 34(\text{MPa})$$

$$\sigma \leq [\sigma] = 40 \text{ MPa}$$

故螺杆强度满足要求。

例 3-5 三脚架由 AB 与 BC 两杆铰接而成（图 3-16），两杆均为圆截面杆，材料选用钢，许用拉压应力 $[\sigma] = 58$ MPa。设作用于铰接点 B 的载荷为 $F_P = 20$ kN，试确定两杆的直径（不计杆自重）。

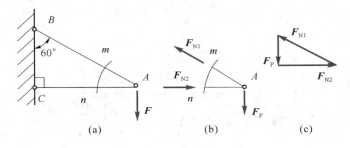

图 3-16　两杆铰接

解 由受力分析知道，AB 杆和 BC 分别为受轴向拉伸和轴向压缩的二力杆件，受力分析图见图 3-16。

（1）计算两杆的轴力

用截面法在图 3-16 上按 $m-n$ 截面截取研究对象,受力图如图 3-16 所示, 列平衡方程式求解:

$$\sum F_y = 0, \qquad F_{N1} \cdot \sin 30° - F_P = 0$$

$$F_{N1} = \frac{F_P}{\sin 30°} = 20 \times 2 \text{ kN} = 40 \text{ kN}$$

$$\sum F_x = 0, \qquad F_{N2} - F_{N1} \cdot \cos 30° = 0$$

$$F_{N2} = F_{N1} \cdot \cos 30° = 40 \times \cos 30° \text{kN} = 40 \times \cos 30° \text{kN} = 34.6 \text{ kN}$$

(2)确定两杆件直径

由式(3-9)可知

$$A \geqslant \frac{F_N}{[\sigma]}$$

故有

$$\frac{\pi d^2}{4} \geqslant \frac{F_N}{[\sigma]}$$

圆杆直径

$$d \geqslant \sqrt{\frac{4F_N}{\pi[\sigma]}}$$

将 $F_{N1} = 40$ kN、$F_{N2} = 34.6$ kN、$[\sigma] = 58$ MPa 分别代入上式,即得到 AB 与 BC 杆的直径 d_{AB}、d_{BC}。

$$d_{BC} = \sqrt{\frac{4 \times 40 \times 10^3}{\pi \times 58}} = 29.6 (\text{mm}) \qquad 取 \ d_{AB} = 30 \text{ mm}$$

$$d_{BC} = \sqrt{\frac{4 \times 34.6 \times 10^3}{\pi \times 58}} = 27.6 (\text{mm}) \qquad 取 \ d_{BC} = 28 \text{ mm}$$

例 3-6 气动夹具如图 3-17(a)所示,已知气缸的内径 $D = 140$ mm,气压 $p = 0.6$ MPa,活塞杆材料的许用应力为 $[\sigma] = 80$ MPa。试设计活塞杆的直径 d。

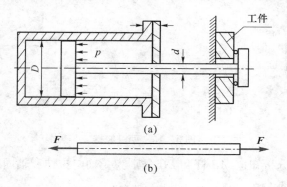

(a)

(b)

图 3-17 气动夹具

解 活塞杆由于左端承受活塞上的气体压力,右端承受工件的反作用力,故为轴向拉伸[见图3-17(b)]。拉力 **F** 可由气体压强乘以活塞的受压面积来求得,计算活塞的受压面积时,可将活塞杆的横截面面积略去不计,这样是更安全的,所以得到:

$$F = p \times \frac{\pi}{4}D^2 = 0.6 \times 10^6 \times \frac{\pi}{4} \times (140 \times 10^{-3})^2 \text{N} = 9.23 \text{ kN}$$

活塞杆的轴力为

$$F_N = F = 9.23 \text{ kN}$$

根据强度条件,得出活塞杆的横截面面积为

$$A \geqslant \frac{F_N}{[\sigma]} = \frac{9.23 \times 10^3}{80 \times 10^6} \text{ m}^2 = 1.15 \times 10^{-4} \text{ m}^2$$

由此求得活塞杆直径为

$$d \geqslant \sqrt{\frac{4 \times 1.15 \times 10^4}{\pi}} \text{ m} = 0.012 \text{ m}$$

最后取活塞杆直径为 $d = 12$ mm。

例3-7 如图3-18(a)所示为一吊架,AB 为木杆,其横截面积 $A_{木} = 10^4 \text{mm}^2$,许用应力为 $[\sigma]_{木} = 7$ MPa;BC 杆为钢杆,其横截面积 $A_{钢} = 600 \text{ mm}^2$,许用应力为 $[\sigma]_{钢} = 160$ MPa。试求许可载荷 $[F]$。

解 假想将吊架截开,保留如图3-18(b)所示的部分结构,对其进行平衡条件分析。

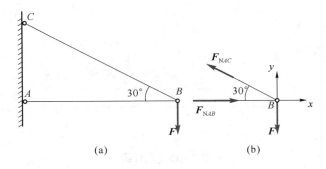

(a)   (b)

图3-18 吊架

$$\sum F_y = 0, \qquad F_{NBC} \cdot \sin 30° - F = 0$$

$$F_{NBC} = \frac{F}{\sin 30°} = 2F$$

$$\sum F_x = 0, \qquad F_{NAB} - F_{NBC} \cdot \cos 30° = 0$$

$$F_{NAB} = F_{NBC} \cdot \cos 30° = \sqrt{3} F$$

由强度条件可得

$$F_{NAB} = \sqrt{3}F \leq A_{木} \cdot [\sigma]_{木} = 10^4 \times 10^{-6} \times 7 \times 10^6 \, \text{N} = 70 \, \text{kN}$$

所以从木杆来看 $[F] = \dfrac{70}{\sqrt{3}} \text{kN} = 40.4 \, \text{kN}$

$$F_{NBC} = 2F \leq A_{钢} \cdot [\sigma]_{钢} = 600 \times 10^{-6} \times 160 \times 10^6 \, \text{N} = 96 \, \text{kN}$$

所以从钢杆来看

$$[F] = \frac{96}{2}\text{kN} = 48 \, \text{kN}$$

只有两杆都能满足强度条件时,吊架才安全,所以吊架的许可载荷 $[F]$ 应取为 40.4 kN。

例 3 – 8 图 3 – 19(a) 所示为一刚性梁 ACB 由圆杆 CD 在 C 点悬挂连接,B 端作用有集中载荷 $F = 25$ kN,已知:CD 杆的直径 $d = 20$ mm,许用应力 $[\sigma] = 160$ MPa。试校核 CD 杆的强度;试求结构的许可载荷 $[F]$;若 $F = 50$ kN,试设计 CD 杆的直径 d。

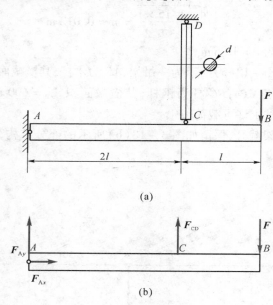

(a)

(b)

图 3 – 19 刚性梁

解 （1）校核 CD 杆强度

做 AB 杆的受力图,如图 3 – 18(b) 所示。由平衡方程

$$\sum M_A(F) = 2F_{CD}l - 3Fl = 0$$

得

$$F_{CD} = \frac{3}{2}F$$

杆 CD 的轴力

$$N = F_{CD}$$

杆 *CD* 的工作应力

$$\sigma_{CD} = \frac{F_{CD}}{A} = \frac{\frac{3}{2}F}{\frac{\pi d^2}{4}} = \frac{6F}{\pi d^2} = \frac{6 \times 25 \times 10^3}{\pi \times 20^2} = 119(\text{MPa}) < [\sigma]$$

所以 *CD* 杆安全。

（2）求结构许可载荷 [*F*]

由

$$\sigma_{CD} = \frac{F_{CD}}{A} = \frac{6F}{\pi d^2} \leqslant [\sigma]$$

得

$$F \leqslant \frac{\pi d^2 [\sigma]}{6} = \frac{\pi \times 20^2 \times 160}{6} = 33.5 \times 10^3(\text{N}) = 33.5 \text{ kN}$$

由此可得结构的许可载荷 [*F*] = 33.5 kN。

（3）若 *F* = 50 kN，设计圆杆直径 *d*

由

$$\sigma = \frac{F_{CD}}{A} = \frac{6F}{\pi d^2} \leqslant [\sigma]$$

即

$$d \geqslant \sqrt{\frac{6F}{\pi[\sigma]}} = \sqrt{\frac{6 \times 50 \times 10^3}{\pi \times 160}} = 24.4(\text{mm})$$

取

$$d = 25 \text{ mm}$$

本章小结

重点：拉压变形的受载特点和变形特点；拉压变形时用截面法求取构件内力和应力的计算；典型塑性材料和脆性材料力学性能的主要区别；极限应力、安全系数和许用应力的确定；强度条件公式。

难点：物体受多个力作用时截面法的应用；许用应力的确定；强度条件公式的实际应用。

思考题与习题

3-1 杆件有哪几种基本变形形式？

3-2 指出下列各组概念有何区别？有何联系？

①变形与应变；②内力和应力；③弹性变形和塑性变形；④极限应力和许用应力。

3-3 胡克定律的含义是什么? 有几种表达形式?

3-4 低碳钢在拉伸过程中有几个阶段? 各阶段有什么特点?

3-5 两根不同材料制成的等截面直杆,承受相同的轴向拉力,它们的横截面积和长度都相等。试说明:横截面上的应力是否相等? 强度是否相同? 绝对变形是否相同? 为什么?

3-6 试求如图3-20所示各杆横截面1-1,2-2,3-3上的轴力。

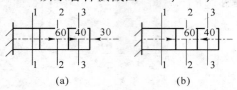

(a)　　　　　　　(b)

图3-20 题3-6

3-7 如图3-21所示变截面杆件。已知:$F_1 = 30$ kN,$F_2 = 40$ kN,$F_3 = 40$ kN,试求:截面1-1,2-2,3-3上的轴力;如各横截面面积为 $A_1 = 10$ cm^2,$A_2 = 15$ cm^2,$A_3 = 20$ cm^2,求杆的最大正应力?

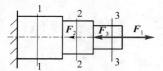

图3-21 题3-7

3-8 阶梯杆自重不计,受外力如图3-22所示,试求杆内的最大正应力。已知其横截面面积分别为 $A_{AB} = A_{BC} = 500$ mm^2,$A_{CD} = 300$ mm^2。

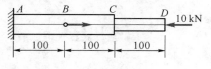

图3-22 题3-8

3-9 如图3-23所示变截面杆件。已知:横截面面积为 $A_1 = 10$ cm^2,$A_2 = 8$ cm^2,弹性模量 $E = 200$ GPa,求杆的总伸长量 l?

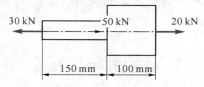

图3-23 题3-9

3-10 如图3-24所示等截面直杆,其荷载及尺寸如图所示。已知横截面面积 $A = 10$ cm^2,材料的弹性模量 $E = 200$ GPa。试求:各段杆内的应力;杆的纵向变形 Δl。

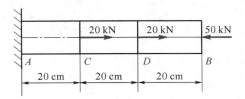

图 3－24　题 3－10

3－11　如图 3－25 所示起重用吊钩螺栓,螺栓螺纹小径为 57. 505 mm,吊钩所受拉力为 $F = 150$ kN,材料的许用应力为 $[\sigma] = 85$ MPa,试校核螺栓的强度。

图 3－25　题 3－11

3－12　一阶梯形钢杆受力如图 3－26 所示,弹性模量 $E = 206$ GPa,$F_1 = 120$ kN,$F_2 = 80$ kN,$F_3 = 50$ kN,各段的截面面积为 $A_{AB} = A_{BC} = 550$ mm^2,$A_{CD} = 350$ mm^2,钢材的许用应力为 $[\sigma] = 160$ MPa,试对钢杆进行强度校核。

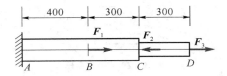

图 3－26　题 3－12

3－13　如图 3－27 所示吊架,BC 为钢杆,AB 为木杆,钢杆的横截面面积为 $A_1 = 8$ cm^2,许用应力 $[\sigma]_1 = 160$ MPa;木杆的横截面面积为 $A_2 = 100$ cm^2,许用应力 $[\sigma]_2 = 10$ MPa,试求许可的吊重?

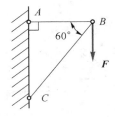

图 3－27　题 3－13

3－14　在如图 3－28 所示的三脚架中,AC 为钢杆,横截面面积 $A_1 = 707$ mm^2,许用应力 $[\sigma]_1 = 160$ MPa;BC 为木杆,横截面面积 $A_2 = 5\,000$ mm^2,许用应力 $[\sigma]_2 = 8$ MPa。载荷 $P = 60$ kN。问此结构能否安全工作?求此结构的最大许可载荷 P。

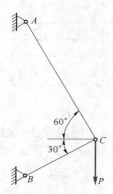

图 3 – 28　题 3 – 14

3 – 15　某冷凝机的曲柄滑块机构如图 3 – 29 所示,锻压工作时,连杆接近水平位置,锻压力 $F = 3\,780$ kN。连杆横截面为矩形,高与宽之比 $\dfrac{h}{b} = 1.4$,材料的许用应力 $[\sigma] = 90$ MPa,试设计截面尺寸 h 和 b。

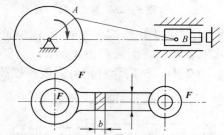

图 3 – 29　题 3 – 15

3 – 16　用绳索起吊重 $G = 10$ kN 的木箱,如图 3 – 30 所示,设绳索的直径 $d = 25$ mm,许用应力 $[\sigma] = 10$ MPa。试问绳索的强度是否足够? 如果强度不足,则绳索的直径应取多大才能安全工作?

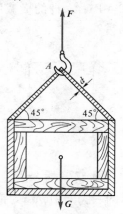

图 3 – 30　题 3 – 16

第4章　剪切和挤压

本章知识点

1. 构件发生剪切和挤压变形时的受载特点和变形特点
2. 截面法求解内力和应力
3. 剪切和挤压变形强度条件公式的应用

4.1　剪切与挤压的概念

用铰制孔螺栓连接钢板(图4-1(a))，在外力 F_P 的作用下，螺栓将沿截面 $m-m$ 发生相对错动。如外力不断增大，螺栓将沿 $m-m$ 面被剪断。产生相对错动的截面($m-m$)称为剪切面。这种截面发生相对错动的变形称为剪切变形。在工程中常遇到受剪切变形的零件有键、销等。发生剪切变形的零件的受力特点是：作用于构件两侧面上的外力的合力的大小相等、方向相反，作用线平行且相距很近；变形特点是：构件沿两力作用的截面发生相对错动。

螺栓除受剪切作用外，其圆柱形表面和钢板圆孔之间还相互受压(图4-1(b))，这种局部表面上受压，称为挤压，承受挤压作用的表面叫挤压面，作用在挤压面上的压力叫挤压力。如果挤压力过大，挤压面将发生塑性变形，会使连接松动，从而影响机器的正常的工作，这种现象就称为挤压破坏。

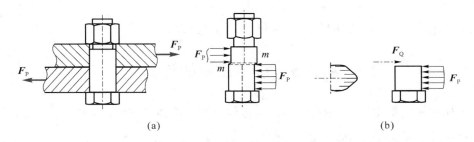

(a)　(b)

图4-1　螺栓

4.2　剪切和挤压的计算

4.2.1　剪切强度计算

以图 4 - 1 为例,螺栓在外力的作用下发生剪切变形。此时,在零件内部产生一个抵抗变形的力,称为剪力。根据截面法可以算出该截面的内力—剪力:剪力大小与外力相等且与截面相切,如图 4 - 1(b)所示。剪力的单位是牛顿(N)或千牛顿(kN),常用符号 F_Q 表示。

由于剪切面附近变形复杂,剪切面上应力分布规律很难确定,因此工程实际中一般近似认为剪切面上的应力分布是均匀的,其方向与剪力相同,用字母"τ"表示单位面积上的内力,称为切应力,单位是帕(Pa)或兆帕(MPa)。

$$\tau = \frac{F_Q}{A} \tag{4-1}$$

为了保证剪切变形的构件安全可靠地工作,剪切强度条件为

$$\tau = \frac{F_Q}{A} \leq [\tau] \tag{4-2}$$

式中,$[\tau]$ 为材料的许用切应力,可查阅有关手册。

4.2.2　挤压强度计算

从理论上讲,挤压面上力的分布是不均匀的,为了简化计算,工程中常假定挤压力在挤压面上是均匀分布的。设挤压力为 F_{jy},挤压面积为 A_{jy},以 σ_{jy} 表示挤压应力(挤压面上单位面积受力),则挤压强度条件为

$$\sigma_{jy} = \frac{F_{jy}}{A_{jy}} \leq [\sigma_{jy}] \tag{4-3}$$

式中,$[\sigma_{jy}]$ 为材料的许用挤压应力,可查阅有关手册。

4.2.3　挤压面积的计算

如挤压面积为平面,则挤压面积为接触面积。例如键连接(图 4 - 2(a)),$A_{jy} = \frac{hl}{2}$。如挤压面为半圆柱面,例如螺栓、销、铆钉等,其挤压面积按半圆柱面的正投影面积计算(图 4 - 2(b)),$A_{jy} = dt$。d 为直径,t 为螺栓与孔接触长度。

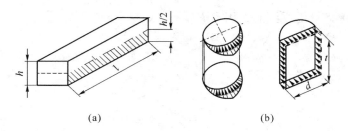

(a)   (b)

图 4-2 挤压

例 4-1 图 4-3 所示两块厚度均为 $t=12$ mm 的钢板,用两个直径 $d=15$ mm 的铆钉搭接在一起。设拉力 $F=35$ kN,铆钉材料的许用切应力为 $[\tau]=110$ MPa,许用挤压应力 $[\sigma_{jy}]=272$ MPa,试校核此铆钉的强度。

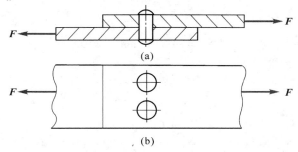

(a)

(b)

图 4-3 钢板

解 每个铆钉承受 $F/2$ 拉力,既有挤压变形,又有剪切变形。

(1)剪切变形

$$\tau = \frac{\dfrac{F}{2}}{\dfrac{\pi d^2}{4}}$$

$$\tau = \frac{35 \times 10^3 \times 4}{2\pi \times 15^2} = 99 \text{ MPa}$$

$$\tau \leqslant [\tau] = 110 \text{ MPa}$$

(2)挤压变形

$$\sigma_{jy} = \frac{\dfrac{F}{2}}{t \times d}$$

$$\sigma_{jy} = \frac{35 \times 10^3}{2 \times 12 \times 15} = 97.2 \text{ MPa}$$

$$\sigma_{jy} \leqslant [\sigma_{jy}] = 272 \text{ MPa}$$

所以该铆钉强度合格。

例 4-2 已知轴径 $d=45$ mm,传递的转矩 $M=450$ N·m,键的尺寸为键宽 $b=14$ mm,键高 $h=9$ mm,键长 $l=60$ mm,键的材料为 45 钢,$[\tau]=60$ MPa,$[\sigma_{jy}]=100$ MPa,试校核键的强度。

解 （1）计算键受到的作用力 **F**

由

$$M = F \cdot \frac{d}{2}$$

得

$$F = \frac{2M}{d} = \frac{450 \times 10^3}{45} \text{ N} = 20\,000 \text{ N}$$

（2）校核抗剪强度

① 计算剪切力 F_Q。

由截面法得：

$$F_Q = F = 20\,000 \text{ N}$$

② 计算剪切面面积 A_j。

$$A_j = b \times l = 14 \times 60 \text{ mm}^2 = 840 \text{ mm}^2$$

③ 计算剪切强度。

$$\tau = \frac{F_Q}{A_j} = \frac{20\,000}{840 \times 10^{-6}} = 23.8$$

$$\text{MPa} < [\tau] = 60 \text{ MPa}$$

（3）校核抗挤压强度

① 计算挤压作用力 F_{jy}。

$$F_{jy} = F = 20\,000 \text{ N}$$

② 计算挤压面面积 A_{jy}。

$$A_{jy} = \frac{h}{2}L = \frac{9}{2} \times 60 \text{ mm}^2 = 270 \text{ mm}^2$$

③ 计算挤压工作应力 σ_{jy}。

$$\sigma_{jy} = \frac{F_{jy}}{A_{jy}} = \frac{20\,000}{270} \text{MPa} = 74.1 \text{ MPa} < [\sigma_{jy}] = 100 \text{ MPa}$$

所以键的强度足够。

例4-3 如图4-4所示拖车挂钩用销连接,已知挂钩连接部分的厚度 $\delta = 15$ mm,销的材料为45钢,许用切应力 $[\tau] = 60$ MPa,许用挤压应力 $[\sigma_{jy}] = 180$ MPa,拖车所受的拉力 $F = 100$ kN,试确定销的直径 d。

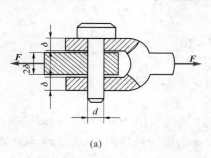

(a)

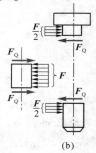

(b)

图4-4 拖车挂钩

解　（1）计算销的剪切力和挤压作用力

销有两个剪切面,每个剪切面上的剪切力为

$$F_Q = \frac{F}{2} = \frac{100}{2} \text{ kN} = 50 \text{ kN}$$

挤压作用力为

$$F_{jy} = \frac{F}{2} = \frac{100}{2} \text{ kN} = 50 \text{ kN}$$

（2）销所需的剪切面面积和挤压面面积

$$A_j = \frac{\pi d^2}{4}$$

$$A_{jy} = \delta \cdot d$$

（3）按抗剪强度条件确定销的直径

$$\tau = \frac{F_Q}{A_j} = \frac{F_Q}{\dfrac{\pi d^2}{4}} \leqslant [\tau]$$

$$d \geqslant \sqrt{\frac{4F_Q}{\pi[\tau]}} = \sqrt{\frac{4 \times 5 \times 10^3}{3.14 \times 60}} \text{ mm} = 32.6 \text{ mm}$$

（4）按抗挤压强度条件确定销的直径

$$\sigma_{jy} = \frac{F_{jy}}{A_{jy}} = \frac{F_{jy}}{\delta \cdot d} \leqslant [\sigma_{jy}]$$

$$d \geqslant \frac{F_{jy}}{\delta[\sigma_{jy}]} = \frac{50 \times 10^3}{15 \times 180} \text{ mm} = 18.5 \text{ mm}$$

所以取销的直径 $d \geqslant 32.6$ mm

本章小结

重点:构件发生剪切和挤压变形时的受载特点和变形特点;剪切和挤压变形应力的计算和强度条件式的应用。

难点:剪切和挤压变形受力面积的计算

剪切与挤压受力面积的计算直接影响构件的剪切、挤压强度的计算。现举例说明实际中常见的两类问题的计算。

（1）受剪螺栓连接

如图 4－5 所示的受剪螺栓连接,已知螺杆直径为 d,钢板厚度为 t,受到如图 4－5所示一对力 $\boldsymbol{F}_P$ 的作用。受剪面积为圆面积 $\pi d^2/4$,受挤压面积为圆柱面积,按投影面积计算为 dt。

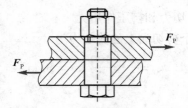

图 4-5　受剪螺栓连接

（2）冲孔

如图 4-6 所示，在一厚度为 t 的钢板上需冲出一直径为 d 的孔，此时受剪面积为圆柱面积（πdt），受挤压面积为圆面积$\left(\dfrac{\pi d^2}{4}\right)$。

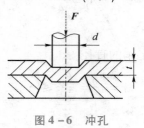

图 4-6　冲孔

思考题与习题

4-1　剪切变形的受力特点和变形特点是什么？

4-2　构件发生剪切变形时是否必然产生挤压变形？

4-3　一起重吊具为销钉连接，如图 4-7 所示。已知起重载荷 $F_P = 18$ kN，连接板件的厚度分别为 $\delta_1 = 8$ mm，$\delta_2 = 5$ mm，销钉的直径 $d = 15$ mm；销钉与板的材料相同，许用切应力 $[\tau] = 60$ MPa，许用挤压应力 $[\sigma_{jy}] = 200$ MPa。试校核连接强度。

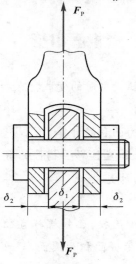

图 4-7　题 4-3

4 - 4　如图 4 - 8 所示键连接中,轴的直径 $d = 80$ mm,键的尺寸 $b = 24$ mm,$h = 14$ mm。键材料的许用切应力 $[\tau] = 40$ MPa,许用挤压应力 $[\sigma_{jy}] = 100$ MPa。被连接件的材料相同。若该轴所传递的力偶矩 $M_e = 3.2$ kN·m。试校核键的强度。

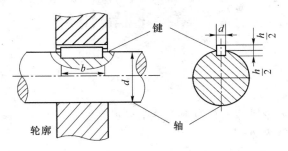

图 4 - 8　题 4 - 4

4 - 5　如图 4 - 9 所示,已知铆接钢板厚度 $e = 12$ mm,铆钉直径 $d = 20$ mm,铆钉的许用切应力 $[\tau] = 120$ MPa,许用压应力 $[\sigma_b] = 320$ MPa,$F = 30$ kN,试校核铆钉的强度。

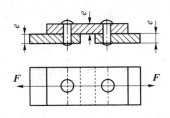

图 4 - 9　题 4 - 5

4 - 6　如图 4 - 10 所示,两轴用凸缘联轴器连接,联轴器上四周均布有 4 个螺栓($d_1 = 10.106$ mm),螺栓的许用切应力 $[\tau] = 50$ GPa,此轴传递的转矩为 $T = 3$ kN·m,试校核螺栓的抗剪强度。

4 - 7　图 4 - 11 所示冲孔装置中,已知冲床的最大冲力 $F = 400$ kN,冲头材料的许用应力 $[\sigma_b] = 440$ MPa,被冲钢板的剪切强度极限 $\tau_b = 360$ MPa。试求此冲床能冲出的圆孔的最小直径 d 和钢板最大厚度 t。

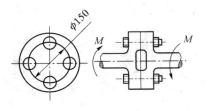

图 4 - 10　题 4 - 6

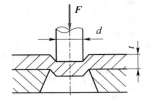

图 4 - 11　题 4 - 7

第5章 圆轴扭转

本章知识点

1. 圆轴扭转变形时的受载特点和变形特点
2. 截面法求解内力和应力
3. 扭矩图的绘制和作用
4. 圆轴扭转变形横截面应力分布规律
5. 扭转变形强度条件公式的应用

5.1 圆轴扭转的概念、内力与应力

5.1.1 扭转的概念

在工程实际和日常生活中,有很多承受扭转作用的构件。例如,汽车方向盘(图5-1(a)),攻螺纹时的丝锥(图5-1(b)),开门的钥匙等。杆件的扭转变形特点如下:

① 在杆件两端受到大小相等,方向相反的一对力偶的作用。

② 杆件上各个横截面均绕杆件的轴线发生相对转动。

杆件上、下两截面所扭转过的角度称为相对扭转角,用 φ 表示(图5-1(a))。

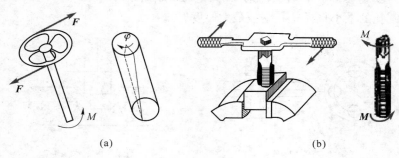

(a)   (b)

图 5-1 扭转

5.1.2　圆轴扭转的内力

1. 外力偶矩的计算

工程中对于传动轴等转动构件,通常只给出其转速和所传递的功率,这样,在分析内力时,首先需要计算外力偶矩,外力偶矩计算公式如下

$$M_e = 9.55 \times 10^3 \cdot \frac{P}{n} \qquad (5-1)$$

式中,M_e 为外力偶矩,单位 N·m;P 为轴传递的功率,单位 kW;n 为轴的转速,单位 r/min。

2. 扭矩(或转矩)

如图 5-2(a)所示为一对大小相等,转向相反的外力偶 M_e 作用的圆轴。可以采用截面法把轴沿截面 $m-m$ 截断,并取左段为研究对象(图 5-2(b))。由静力平衡条件可知,扭转时横截面上内力的合力必定是一个力偶,这个内力偶矩称为扭矩或转矩,用 T 表示。

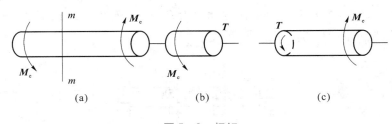

图 5-2　扭矩

$$T - M_e = 0$$

即

$$T = M_e$$

如取右段为研究对象(图 5-2(c)),同样可求出 T。由于截面两边的力偶互为作用与反作用的关系,因此,取左段与右段为研究对象所得到的扭矩,大小相等而转向相反。为此,采用右手螺旋法则来定义扭矩的正负符号,从而使符号一致。如图 5-3 所示,以右手四指方向与截面扭矩方向一致,则拇指的指向离开截面时扭矩为正,反之为负。

如果轴上有多个外力偶作用时,则任意一截面上的扭矩等于该截面左段(或右段)外力偶矩的代数和。

3. 扭矩(转矩)图

当轴上作用有多个外力偶时,各横截面上的扭矩是不同的。为了确定最大扭矩的位置,以便分析危险截面,常需要画出扭矩随截面位置变化的图线,这种图线称为扭矩图。其方法是:用横坐标 x 表示横截面的位置,纵坐标 y 表示各横截面上的扭矩的大小。

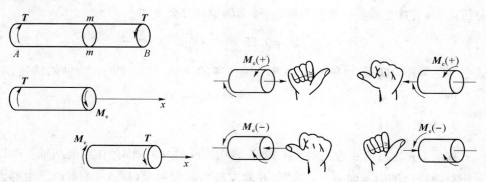

图 5-3 右手螺旋法则

例 5-1 已知某传动轴(如图 5-4 所示)转速 $n = 300\ \text{r/min}$,主动轮 B 输入功率 $P_B = 8\ \text{kW}$,从动轮 A、C、D 分别输出的功率为 $P_A = 3\ \text{kW}$,$P_C = 2.5\ \text{kW}$,$P_D = 2.5\ \text{kW}$。画出传动轴的扭矩图;确定最大扭矩 $T_{\max}$。

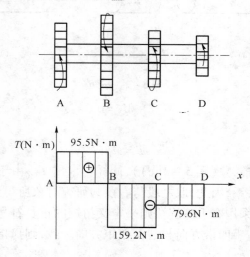

图 5-4 传动轴

解 (1) 计算 A、B、C、D 各处转矩

$$M_A = 9.55 \times 10^3 \cdot \frac{P}{n} = 9.55 \times 10^3 \times \frac{3}{300}\text{N} \cdot \text{m} = 95.5\ \text{N} \cdot \text{m}$$

$$M_B = 9.55 \times 10^3 \cdot \frac{P}{n} = 9.55 \times 10^3 \times \frac{8}{300} \text{N} \cdot \text{m} = 254.7 \text{ N} \cdot \text{m}$$

$$M_C = 9.55 \times 10^3 \cdot \frac{P}{n} = 9.55 \times 10^3 \times \frac{2.5}{300} \text{N} \cdot \text{m} = 79.6 \text{ N} \cdot \text{m}$$

$$M_D = 9.55 \times 10^3 \cdot \frac{P}{n} = 9.55 \times 10 \times \frac{2.5}{300} \text{N} \cdot \text{m} = 79.6 \text{ N} \cdot \text{m}$$

（2）计算扭矩、画出扭矩图

由图扭矩图可知,轴 AB 段各截面的扭矩均为 $T_1 = M_A = 95.5$ N·m;BC 段各截面的扭矩均为 $T_2 = M_B - M_A = 159.2$ N·m;CD 段各截面的扭矩均为 $T_3 = M_D = 79.6$ N·m。由扭矩图可知,轴 BC 段各截面的扭矩最大 $T_{max} = 159.2$ N·m。

5.1.3 圆轴扭转时的应力

进行圆轴扭转强度计算时,当求出横截面上的扭矩后,还应进一步研究横截面上的应力分布规律,以便求出最大应力。

首先,由杆件的变形找出应变的变化规律,也就是研究圆轴扭转的变形几何关系。其次,由应变规律找出应力的分布规律,也就是建立应力和应变间的物理关系。最后,根据扭矩和应力之间的静力学关系,导出应力的计算公式。

1. 切应力在横截面上的分布规律

如图 5 – 5 所示,在圆轴的表面上画出很多等距的圆周线和轴线平行的纵向线,形成大小相等的矩形方格。当圆轴扭转时,可以观察到:

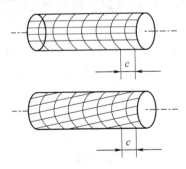

图 5 – 5　圆轴

① 各圆周线相对于轴线均旋转了一个角度,其形状大小及周线间距没有变化。

② 各纵向线均倾斜了同一角度,矩形变成了平行四边形。

根据上述现象,对圆轴扭转进行基本假设:扭转时,圆轴的横截面始终为平面,形状、大小都不改变,只有相对轴线的微小扭转变形,因此在横截面上无正应力而

只有垂直于半径的切应力。

2. 切应力的分布规律图

圆轴横截面上任意点的切应力与该点所在的圆周半径成正比,方向与过该点的半径垂直,在半径最大处切应力最大,圆心处切应力为零。切应力的分布规律如图5-6所示。

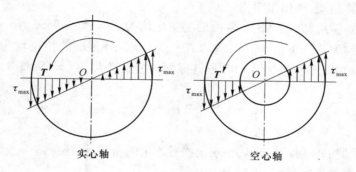

实心轴　　　　　　　空心轴

图5-6　切应力分布图

3. 切应力的计算公式

当圆轴某截面上的扭矩为 T、截面半径为 R 时,截面上距中心(轴心)为 ρ 处的切应力 τ_ρ 的计算公式

$$\tau_\rho = \frac{T \cdot \rho}{I_P}$$

式中,I_P 为截面的极惯性矩,是只与截面形状和尺寸有关的几何量,单位为 m^4 或 mm^4。

当 $\rho = R$ 时,切应力最大,即

$$\tau_{max} = \frac{T \cdot R}{I_P} \tag{5-2}$$

令 $W_n = \dfrac{I_P}{R}$,上式可改写为

$$\tau_{max} = \frac{T}{W_n} \tag{5-3}$$

式中,W_n 为抗扭截面系数,也是只与截面形状和尺寸有关的几何量,单位为 m^3 或 mm^3。

4. 圆截面的极惯性矩和抗扭截面系数

通常机器中的轴,采用实心轴或空心轴两种形状。它们的极惯性矩 I_P 和抗扭截面系数 W_n 的计算公式如下:

实心圆轴(设直径为 D)

极惯性矩

$$I_P = \frac{\pi D^4}{32} \approx 0.1 D^4$$

抗扭截面系数

$$W_n = \frac{\pi D^3}{16} \approx 0.2 D^3$$

空心圆轴(设轴的外径为 D、内径为 d)

极惯性矩

$$I_P = \frac{\pi D^4}{32} - \frac{\pi d^4}{32} \approx 0.1 D^4 (1 - a^4)$$

抗扭截面系数

$$W_n = \frac{\pi D^3 (1 - a^4)}{16} \approx 0.2 D^3 (1 - a^4)$$

式中,$a = \dfrac{d}{D}$ 为圆轴内、外直径的比值。

5.2 圆轴扭转的强度、刚度条件

5.2.1 圆轴扭转的强度条件

为了保证扭转圆轴正常工作而不致破坏,应使圆轴内的最大工作应力不得超过材料的许用切应力 $[\tau]$,即

$$\tau_{max} = \frac{T_{max}}{W_n} \leqslant [\tau] \tag{5-4}$$

式中,$[\tau]$ 为材料的许用切应力,可在有关手册查阅。

例 5-2 机器传动轴的直径 $d = 80$ mm,转速 $n = 200$ r/min,材料 $[\tau] = 50$ MPa,试按强度条件计算此轴能传递的最大功率。

解 (1)计算轴能承受的扭矩 T

由扭转强度条件

$$\tau_{max} = \frac{T_{max}}{W_n} \leqslant [\tau]$$

得

$$T \leqslant W_n \cdot [\tau] = 0.2 d^3 \cdot [\tau] = 0.2 \times 80^3 \times 50 = 5\,120\,000 (\text{N} \cdot \text{mm})$$

(2)计算轴能传递的最大功率

由外力矩的计算公式

$$M_e = 9550 \cdot \frac{P}{n} = T$$

得

$$P = \frac{T \cdot n}{9\,550 \times 10^3} \leqslant \frac{5\,120\,000 \times 200}{9\,550 \times 10^3} \approx 107(\text{kW})$$

故轴能传递的最大功率为 107 kW。

5.2.2 圆轴扭转刚度条件*

圆轴在扭转时,除了需满足强度条件外,还应该具有足够的刚度,以免产生过大的变形,影响机器的精度;尤其对一些精密机械,刚度条件往往起主要作用。因此,对于圆轴扭转时的刚度条件往往要加以限制。通常要求单位长度扭转角 θ 不得超过许用的单位长度扭转角 $[\theta]$,即

$$\theta = \frac{180° M_n}{G I_P \pi} \leqslant [\theta] \qquad (5-5)$$

式中,剪切模量 G:材料常数,是剪切应力与应变的比值。又称切变模量或刚性模量,是材料的力学性能指标之一。$[\theta]$ 值根据轴的工作条件和机器运转的精度要求等因素确定,一般规定如下:

精密机械的轴

$$[\theta] = (0.25 \sim 0.5)°/\text{m}$$

一般传动轴

$$[\theta] = (0.1 \sim 1.0)°/\text{m}$$

精度要求不高的轴

$$[\theta] = (1.0 \sim 2.5)°/\text{m}$$

具体数值可参考有关设计手册。

应用强度、刚度条件解决三类问题:强度校核、截面设计和确定许用荷载。解决问题的基本思路是先由扭矩图、截面尺寸确定危险点,然后考虑材料的力学性质应用强度、刚度条件进行计算。

例 5 - 3 一传动轴如图 5 - 7(a)所示,已知轴的直径 $d = 4.5$ cm,转速 $n = 300$ r/min。主动轮 A 输入的功率 $P_A = 36.7$ kW。从动轮 B,C,D 输出的功率分别为 $P_B = 14.7$ kW,$P_C = P_D = 11$ kW。轴的材料为 45 钢,$G = 8 \times 10^4$ MPa,$[\tau] = 40$ MPa,$[\theta] = 2(°/\text{m})$,试校核轴的扭转强度和刚度。

解 (1)计算外力偶矩

$$T_A = 9\,550 \frac{P_A}{n} = 9\,550 \frac{36.7}{300} \text{ N} \cdot \text{m} = 1\,168 \text{ N} \cdot \text{m}$$

$$T_B = 9\,550 \frac{P_B}{n} = 9\,550 \frac{14.7}{300} \text{ N} \cdot \text{m} = 468 \text{ N} \cdot \text{m}$$

$$T_C = 9\,550 \frac{P_C}{n} = 9\,550 \frac{11}{300} \text{N} \cdot \text{m} = 350 \text{ N} \cdot \text{m}$$

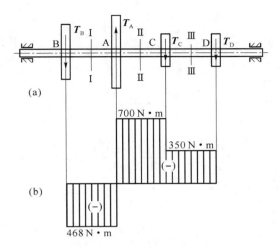

图 5 - 7

（2）画扭矩图，求最大扭矩

先用截面法求 BA，AC，CD 各段任意截面上的扭矩，得

$$T_{n1} = -T_B = -468 \text{ N} \cdot \text{m}$$

$$T_{n2} = -T_B + T_A = -468 + 1\,168 \text{ N} \cdot \text{m} = 700 \text{ N} \cdot \text{m}$$

$$T_{n3} = T_D = 350 \text{ N} \cdot \text{m}$$

然后画扭矩图如图 5 - 7（b）所示。由扭矩图可知危险截面在 AC 段内，最大扭矩

$$T_{n\max} = 700 \text{ N} \cdot \text{m}$$

（3）校核强度

$$\tau_{\max} = \frac{T_{n\max}}{W_T} = \frac{700 \times 10^3}{0.2 \times 45^3} \text{MPa} = 38.4 \text{ MPa} < [\tau] = 40 \text{ MPa}$$

所以传动轴的扭转强度足够。

（4）校核刚度

$$\theta_{\max} = 57\,300 \times \frac{T_{n\max}}{GI_P} = \frac{57\,300 \times 700 \times 10^3}{8 \times 10^4 \times 0.1 \times 45^4} (\degree/\text{m}) = 1.22 (\degree/\text{m}) < [\theta] = 2 (\degree/\text{m})$$

所以传动轴的扭转刚度也足够。

例 5 - 4　一钢制传动轴，受到转矩 $T = 4\,000$ N · m 的作用。如已知轴的许用剪应力 $[\tau] = 40$ MPa，许用单位长度扭转角 $[\theta] = 0.25 (\degree/\text{m})$，剪切模量 $G = 8 \times 10^4$ MPa，试确定该传动轴的直径 d。

解 （1）按强度条件设计直径 d

由

$$\tau_{max} = \frac{T_{max}}{W_n} \leqslant [\tau]$$

即

$$\tau_{max} = \frac{T_{max}}{0.2d^3} \leqslant [\tau]$$

得

$$d \geqslant \sqrt[3]{\frac{T_{max}}{0.2[\tau]}} = \sqrt[3]{\frac{4\,000 \times 10^3}{0.2 \times 40}} \text{ mm} = 79.4 \text{ mm}$$

（2）按刚度条件设计直径 d

由

$$\theta_{max} = 57\,300 \times \frac{T_{max}}{GI_P} \leqslant [\theta]$$

即

$$\theta_{max} = 57\,300 \times \frac{T_{max}}{G \times 0.1d^4} \leqslant [\theta]$$

得

$$d \geqslant \sqrt[4]{\frac{57\,300\,T_{max}}{0.1G[\theta]}} = \sqrt[4]{\frac{57\,300 \times 4\,000 \times 10^3}{0.1 \times 8 \times 10^4 \times 0.25}} \text{ mm} = 103 \text{ mm}$$

取

$$d = 105 \text{ mm}$$

为了同时满足强度和刚度的要求，应取较大的一个直径值，故取 $d = 105$ mm。

例 5 – 5　如图 5 – 8 所示为汽车传动轴（图中 AB 轴），由 45 钢的无缝钢管制成，其外径 $D = 90$ mm，内径 $d = 85$ mm。轴传递的最大力偶矩 $T = 1\,500$ N·m。已知材料的许用剪应力 $[\tau] = 60$ MPa，许用单位长度扭转角 $[\theta] = 2(°/m)$，剪切模量 $G = 8 \times 10^4$ MPa。试核算此轴的强度和刚度。如果采用实心轴，问是否经济？

解　（1）校核传动轴的强度

$$\tau_{max} = \frac{T_{nmax}}{W_T} = \frac{T}{0.2D^3(1-\alpha^4)} = \frac{1\,500 \times 10^3}{0.2 \times 90^3 \left[1 - \left(\frac{85}{90}\right)^4\right]} \text{MPa} = 50.3 \text{ MPa} < 60 \text{ MPa}$$

该轴的扭转强度足够。

（2）校核传动轴的刚度

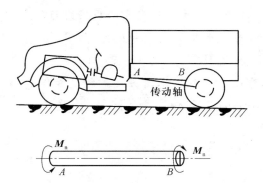

图 5 - 8 汽车传动轴

$$\theta_{max} = 57\,300 \times \frac{T_{nmax}}{GI_P} = \frac{57\,300T}{G \times 0.1D^4(1-\alpha^4)} = \frac{57\,300 \times 1\,500 \times 10^3}{8 \times 10^4 \times 0.1 \times 90^4 \left[1 - \left(\frac{85}{90}\right)^4\right]} (°/m)$$

$$= 0.801(°/m) < [\theta] = 2(°/m)$$

故该轴的扭转刚度也足够。

（3）如采用实心轴,分别按强度及刚度条件确定其直径

按强度条件可求得

$$d_1 \geqslant \sqrt[3]{\frac{T_{nmax}}{0.2[\tau]}} = \sqrt[3]{\frac{1\,500 \times 10^3}{0.2 \times 60}}\ mm = 50\ mm$$

按刚度条件可求得

$$d_1 \geqslant \sqrt[4]{\frac{57\,300T_{nmax}}{0.1G[\theta]}} = \sqrt[4]{\frac{57\,300 \times 1\,500 \times 10^3}{0.1 \times 8 \times 10^4 \times 2}}\ mm = 48.1\ mm$$

为了同时满足强度和刚度的要求,应取 $d_1 = 50$ mm。

在空心与实心轴长度相等、材料相同的情况下,其重力之比应等于横截面面积之比,于是

$$\frac{A_{实}}{A_{空}} = \frac{\dfrac{\pi d^2}{4}}{\dfrac{\pi}{4}(D^2 - d^2)} = \frac{50^2}{90^2 - 85^2} = 2.86$$

由此可见,在其他条件相同的情况下,实心轴是空心轴重量的 2.86 倍。因此,对于直径较大的轴采用空心轴比较经济,但空心轴的加工要比实心轴的加工难度高很多,这是一对矛盾。

本章小结

重点:杆件受到大小相等,方向相反,作用面与杆件轴线共面的一对力偶的作

用,杆件发生弯曲变形,其横截面上任意点的正应力与该点到中性层的距离成正比;利用截面法求解其横截面上的内力和应力;利用强度条件式解决工程实际问题;提高梁弯曲强度的措施。

难点:直梁变形弯矩方程的建立、弯矩图的绘制和作用;弯曲变形横截面应力分布规律;强度条件公式的灵活应用。

思考题与习题

5-1 圆轴扭转变形的特点是什么?

5-2 扭矩的正负符号是如何规定的?

5-3 扭转变形在横截面上的切应力是怎样分布的?

5-4 直径相同的实心轴与空心轴哪个扭转强度高? 相同截面积的实心轴与空心轴哪个抗扭强度高?

5-5 直径相同,材料不同的两根轴,在相同的扭矩作用下,它们的抗扭截面系数是否相同? 最大切应力是否相同?

5-6 直径为 $d = 60\ mm$ 的圆轴,受到 $3\ kN \cdot m$ 的扭矩作用,试求距轴心 $20\ mm$ 处的切应力,并求横截面上的最大切应力。

5-7 求图 5-9 所示各轴指定截面 Ⅰ-Ⅰ、Ⅱ-Ⅱ、Ⅲ-Ⅲ 上的扭矩,并画出扭矩图。

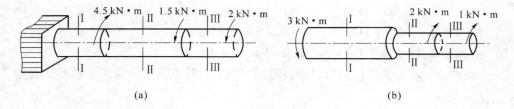

(a)   (b)

图 5-9 题 5-7

5-8 传动轴(如图 5-10 所示)转速 $n = 250\ r/min$,主动轮 B 输入功率 $P_B = 7\ kW$,从动轮 A、C、D 输出功率分别为 $P_A = 3\ kW$,$P_C = 2.5\ kW$,$P_D = 1.5\ kW$,试画出该轴的扭矩图。

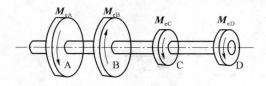

图 5-10 题 5-8

5-9 如图 5-11 所示为某机器上的输入轴,由电动机带动皮带轮,其输入功率 $P=6\ \text{kW}$,该轴转速 $n=900\ \text{r/min}$,已知材料的许用应力 $[\sigma]=80\ \text{MPa}$,切变模量 $G=80\ \text{GPa}$,轴的直径 $d=30\ \text{mm}$,许用单位长度相对扭转角 $[\theta]=0.8(°/\text{m})$,试校核轴的强度和刚度。

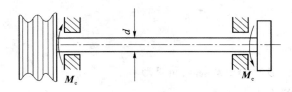

图 5-11 题 5-9

第6章　直梁的平面弯曲

本章知识点

1. 直梁弯曲变形时的受载特点和变形特点
2. 截面法求解内力和应力
3. 弯矩图的绘制和作用
4. 直梁弯曲变形横截面应力分布规律
5. 弯曲变形强度条件公式的应用

6.1　梁平面弯曲的概念和弯曲内力

6.1.1　平面弯曲

在日常生活中,弯曲现象是普遍存在的,例如挑重物的扁担,钓鱼的鱼竿和晾衣竿等,在使用中均会发生弯曲。工程中也同样存在大量的弯曲现象。如车刀、桥式起重机梁、火车的车轮轴(图6－1)等。弯曲变形的特点是:作用在杆件上的外力垂直于杆件的轴线,使原为直线的轴线变形后成为曲线。以弯曲变形为主的杆件通常称为梁。

图6－1　火车的车轮轴

梁的横截面一般至少有一个纵向对称轴(图6－2)。此对称轴与轴线所组成的平面构成一个纵向对称面。如果梁上所有的外力均垂直于梁的轴线并作用在该纵向平面内,则梁弯曲后,其轴线也必在纵向对称平面内弯曲成一条平面曲线,这种弯曲称为平面弯曲。平面弯曲是弯曲问题中最常见也是最基本的,本节仅讨论平面弯曲。

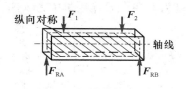

图 6-2　梁的横截

6.1.2　梁的基本形式

由于梁的支承条件及受力的复杂性,因此对梁进行受力分析时,常将梁简化。

1. 梁的简化

① 梁通常用其轴线表示。
② 作用在梁上的载荷简化为:集中力、集中力偶、分布载荷。
③ 梁的支承简化为:固定端、活动铰支座、固定铰支座。

2. 梁的基本形式

根据梁的支座性质和位置的不同,梁简化后可分为3种基本形式:
简支梁　一端为固定铰支座,另一端为活动铰支座的梁(图6-3(a))。
外伸梁　一端或两端外伸的梁(图6-3(b))。
悬臂梁　一端为固定端,另一端为自由端的梁(图6-3(c))。

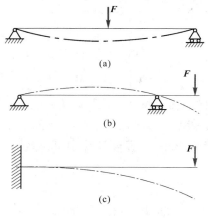

图 6-3　梁的基本形式

梁的两支座间的距离 l 称为跨度。

3. 梁的内力(弯矩图)

分析梁横截面的内力仍采用截面法。下面以简支梁为例加以说明。

设 AB 梁（图 6 − 4）跨度为 l，在点 C 作用集中力 **F**，试分析该梁的内力变化情况。

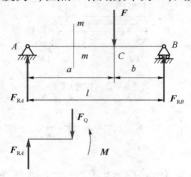

图 6 − 4　简支梁

（1）先计算梁上所受的外力

$$F_{RA} = \frac{F \cdot b}{l}$$

$$F_{RB} = \frac{F \cdot a}{l}$$

（2）用截面法求内力

① 在截面 $m - m$ 处将梁假想地截断。

② 取左段为研究对象。由于左段作用有外力 F_{RA}，则在截面上必然有一个与大小相等、方向相反的力 F_Q，由于该内力与截面相切，因此称为剪力。此外，F_{RA} 与 F_Q 形成一个力偶，对左段有顺时针转动的效果，故截面处必然存在一个内力偶 M 与之平衡，该内力偶称为弯矩。

建立平衡方程：

$$\sum F = 0, \qquad F_{RA} - F_Q = 0 \qquad F_Q = F_{RA}$$

$$\sum M = 0, \qquad M = F_{RA} \cdot x$$

因此，梁在弯曲时，横截面上将产生两种内力：剪力和弯矩。工程中，对于一般的梁（通常指长度尺寸是高度或直径尺寸 5 倍以上的长梁）发生弯曲变形时，弯矩起主要作用，而剪力的影响很小，在强度计算中可以忽略。因此，下面仅讨论有关弯矩的一些问题。

（3）弯矩符号规定

梁弯曲后，若凹面向上，截面上的弯矩为正；反之，若凹面向下，截面上的弯矩为负（图 6 − 5）。

（4）建立弯矩方程，绘制弯矩图

一般情况下，在梁的不同截面上，弯矩是不同的，随截面位置的变化而变化。如以横坐标 x 表示横截面在梁轴线方向上的位置，则弯矩可以表示为 x 的函数，即

$$M = M(x) \tag{6-1}$$

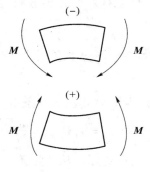

图 6-5 弯矩

式(6-1)函数表达式称为弯矩方程。弯矩沿梁轴线的变化规律也可用按弯矩方程绘制的图线来表达,这种图形称为弯矩图。

下面举例说明弯矩图的绘制方法和步骤。

例 6-1 图 6-6 所示简支梁受集中载荷 F 的作用。试列出它的弯矩图方程,并作出弯矩图。

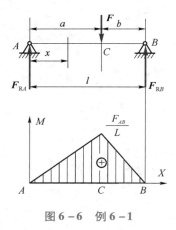

图 6-6 例 6-1

解 (1) 求支反力

由静力学平衡方程 $\sum M_A = 0$; $\sum M_B = 0$ 知

$$F_{RA} = \frac{F \cdot b}{l}$$

$$F_{RB} = \frac{F \cdot a}{l}$$

(2) 列弯矩方程

在 AC 段距左端为 x 的一任意截面处将梁截断,由于左端只有 F_{RA},则该截面上的弯矩方程为

$$M(x) = F_{RA} \cdot x = \frac{F \cdot b \cdot x}{l} \qquad\qquad (0 \leqslant x \leqslant a)$$

在 BC 段距左端为 x 的一任意截面处将梁截断,由于左端有 F_{RA} 和 F 两个外力,则该截面上的弯矩方程为

$$M(x) = F_{RA} \cdot x - F(x - a) = \frac{F \cdot a \cdot (l - x)}{l} \qquad (a \leqslant x \leqslant l)$$

(4) 作弯矩图

在 AC 段,弯矩是 x 的一次函数,弯矩图为一条斜直线,只要确定直线的两点即可确定。由 $M(x) = \dfrac{F \cdot b \cdot x}{l}$ 得:$M_{(0)} = 0$;$M_{(a)} = \dfrac{abF}{l}$,于是连接此两点即作出 AC 段的弯矩图。同理可画出 BC 段弯矩图。从弯矩图中可以看出,最大弯矩发生在截面 C 上 $M_{\max} = \dfrac{abF}{l}$。

例 6 - 2　如图 6 -7(a) 所示简支梁,在全梁上受密度为 q 的均布载荷。试作此梁的剪力图和弯矩图。

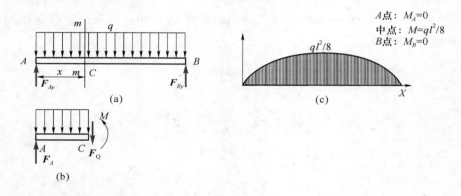

图 6 - 7　简支梁

解　(1) 求支座反力

由 $\sum M_A = 0$ 和 $\sum M_B = 0$ 得

$$F_{Ay} = F_{By} = \frac{ql}{2}$$

(2) 列弯矩方程

取 A 为坐标轴原点,并在截面 x 处切开取左段为研究对象,如图 6 -7(b) 所示,则

$$M = F_{Ay}x - \frac{qx^2}{2} = \frac{qlx}{2} - \frac{qx^2}{2} \qquad (0 \leqslant x \leqslant l)$$

(3) 画弯矩图

由上式表明,弯矩 M 是 x 的二次函数,弯矩图是一条抛物线。由方程

$$M(x) = \frac{qlx}{2} - \frac{qx^2}{2} = \frac{q}{2}(lx - x^2) = -\frac{q}{2}\left(x - \frac{l}{2}\right)^2 + \frac{ql^2}{8}$$

既曲线顶点为 $\left(\dfrac{l}{2}, \dfrac{ql^2}{8}\right)$，开口向下，可按下列对应值确定几点：

x	0	$\dfrac{1}{4}$	$\dfrac{1}{2}$	$\dfrac{3l}{4}$	l
M	0	$\dfrac{3ql^2}{32}$	$\dfrac{ql^2}{8}$	$\dfrac{3ql^2}{32}$	0

弯矩图如图 6-7(c)所示。由图可知，弯矩的最大值在梁的中点，$M_{\max} = \dfrac{ql^2}{8}$。

例 6-3 如图 6-8(a)所示简支梁，在 C 点处受大小为 M_O 的集中力偶作用。试作其剪力图和弯矩图。

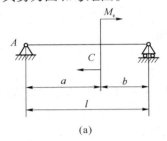

(a)

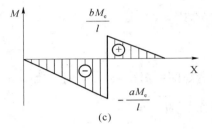

(c)

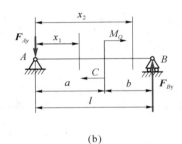

(b)

图 6-8　简支梁受集中力偶

解 （1）求支反力
由
$$\sum M_B = 0, \quad F_{Ay}l - M_e = 0$$
得
$$F_{Ay} = \frac{M_e}{l}$$
$$\sum F_y = 0, \quad F_{By} - F_{Ay} = 0$$
$$F_{By} = F_{Ay} = \frac{M_e}{l}$$

（2）列出弯矩方程
因 C 点处有集中力偶，故弯矩需分段考虑。

AC 段

$$M(x) = -F_{Ay}x = -\frac{M_e}{l}x \qquad (0 \leqslant x \leqslant a)$$

BC 段

$$M(x) = -F_{Ay}x + M_e = \frac{M_e}{l}(l-x) \qquad (a \leqslant x \leqslant l)$$

（3）画弯矩图

由弯矩方程知，C 截面左右段均为斜直线。

AC 段

$$x = 0, \qquad M = 0; \qquad x = a, \qquad M = -\frac{M_e a}{l}$$

BC 段

$$x = a, \qquad M = \frac{M_e b}{l}; \qquad x = l, \qquad M = 0$$

弯矩图如图 6−8（c）所示。如 $a > b$，则最大弯矩发生在集中力偶作用处左侧横截面上，$M_{max} = \left| -\frac{aM_e}{l} \right|$。

分析以上几例即可得出弯矩图规律：

① 集中力 F 作用的截平面上，剪力图发生突变，突变的方向与集中力的作用方向一致；突变幅度等于外力大小，弯矩图在此面上出现一个尖角。

$$M_{max} = \frac{abF}{l}$$

② 梁受到均布载荷作用时，弯矩图为抛物线，且抛物线的开口方向与均布载荷的方向一致。

$$M_{max} = ql^2/8 = \frac{ql}{2} \times \frac{l}{2} \times \frac{1}{2}$$

③ 集中力偶 M_e 作用的截面上，弯矩图出现突变。M_e 逆时针时，弯矩图由上向下突变，M_e 顺时针时，弯矩图由下向上突变。

④ 梁的两端点若无集中力偶作用，则端点处的弯矩为 0；若有集中力偶作用时，则弯矩为集中力偶的大小。

前面总结了集中力、集中力偶和均布力作用时，弯矩图的作图规律，下面根据这些规律快速而准确地做出梁的弯矩图。

例 6−4* 简支梁受 $F_{P1} = 3\,kN$，$F_{P2} = 1\,kN$ 的集中力作用［图 6−9（a）］。已知约束反力，$F_{RA} = 2.5\,kN$，$F_{RB} = 1.5\,kN$。其他尺寸如图 6−9（a）所示试绘出该梁的弯矩图。

解 绘弯矩图是从零开始，自左向右边，逐段画出。A 点因无力偶作用，故无突变。因 AC 段剪力图为轴上的平行线，故其弯矩图为一条从零开始的上斜线，其斜率为 2.5［图 6−9（b）中斜率仅为绘图方便而标注］，C 点的弯矩值为 $2.5 \times 1 = 2.5$（$kN \cdot m$）。

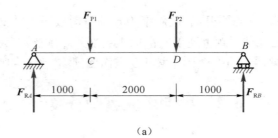

（a）

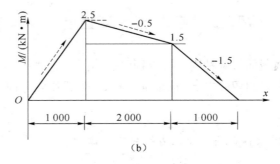

（b）

图 6-9　简支梁弯矩图

CD 段的弯矩图为一条从 2.5 kN·m 开始的下斜线,斜率为 0.5,故 D 点的弯矩值为 $2.5-0.5\times2=1.5$(kN·m) ,同样的道理可画出 DB 段弯矩图,最后回到零[图 6-9(b)]。

例 6-5　*外伸梁受力如图 6-10(a) 所示,$M=4$ kN·m,$F_P=10$ kN,$F_{RA}=-6$ kN,$F_{RB}=16$ kN。其他尺寸如图所示。试绘出梁的弯矩图。

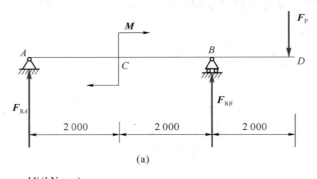

(a)

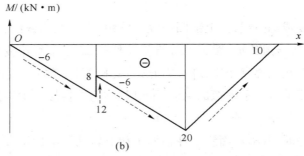

(b)

图 6-10　例 6-5

解 绘弯矩图从 A 点零开始,画斜率为 6 的下斜线至 C 点,因 C 点有力偶作用,故弯矩图有突变,根据"顺上逆下",故向上突变 4,在画斜率为 6 的下斜线至 B 点,在 B 点转折,作斜率为 10 的上斜线至 D 点而回到零[图 6 – 10(b)]。

6.2 梁的弯曲强度计算

6.2.1 梁弯曲时应力的计算强度条件及其应用

平面弯曲梁横截面上两种内力将分别引起不同的应力:弯矩 M 引起的弯曲正应力 σ、剪力 F_Q 引起的切应力 τ。同前面一样,只讨论影响弯曲强度的主要因素弯曲正应力 σ。

1. 平面弯曲时梁横截面上正应力的分布规律

在一般情况下,梁的横截面上既有弯矩又有剪力,这样的弯曲称为横力弯曲。如果梁截面上只有弯矩而无剪力,则称为纯弯曲。下面以纯弯曲为例来分析梁横截面上的正应力变化规律。

在梁表面画上均匀的横线和纵线,然后在梁的纵向对称平面内施加一对力偶 M(图 6 – 11)。观察梁弯曲后的结果可知:横线仍为直线,且仍与纵线相交,但转了一个角度。

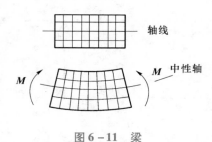

图 6 – 11 梁

所有纵线变成圆弧线,梁上部凹边纵线缩短,下部凸边纵线伸长。因此,可以假想:梁由无数根纤维组成,梁下部纤维受拉伸长,而上部纤维受压缩短。由于从伸长到缩短的变化是逐渐而连续的,因此,在受拉区(下部)和受压区(上部)之间必存在一层既不伸长也不缩短的纵向纤维层,称为中性层。中性层与横截面的交线称为中性轴。

梁弯曲变形时,各横截面绕中性轴发生相对转动。中性层以下的纵向纤维伸长,横截面上的应力为拉应力;中性层以上的纵向纤维缩短,横截面上的应力为压应力。另外,距中性层越远的纵向纤维伸长(或缩短)量越大;而且,中性层既不伸长也不缩短。因此,平面弯曲时横截面上正应力的分布规律是:梁横截面上任意点的正应力与该点到中性层的距离成正比(图 6-12)。

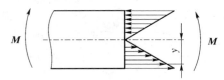

图 6-12　横截面上正应力分布规律

2. 弯曲正应力的计算公式

$$\sigma = \frac{M \cdot y}{I_Z} \tag{6-2}$$

式中,σ 为横截面上任意点的正应力;M 为该横截面上的弯矩;y 为该点到中性轴的距离;I_Z 该横截面对中性轴的惯性矩。

当 $y = y_{max}$,$M = M_{max}$ 时,弯曲应力达到最大值

$$\sigma_{max} = \frac{M_{max} \cdot y_{max}}{I_Z}$$

令

$$W_Z = \frac{I_Z}{y_{max}}$$

则

$$\sigma_{max} = \frac{M_{max}}{W_Z}$$

式中,I_Z 为横截面对中性轴的惯性矩;W_Z 为抗弯截面系数见表 6-1。

表 6-1　常用截面的惯性矩 I_Z 和抗弯截面系数 W_Z

截面形状和形心轴位置	惯性矩 I_Z	抗弯截面系数 W_Z
圆形截面 D	$I_Z = \dfrac{\pi D^4}{64}$	$W_Z = \dfrac{\pi D^3}{32}$
圆环截面 d, D	$I_Z = \dfrac{\pi D^4 (1 - \alpha^4)}{64}$ $\alpha = \dfrac{d}{D}$	$W_Z = \dfrac{\pi D^3 (1 - \alpha^4)}{32}$

截面形状和形心轴位置	惯性矩 I_Z	抗弯截面系数 W_Z
	$I_Z = \dfrac{bh^3}{12}$	$W_Z = \dfrac{bh^2}{6}$
	$I_Z = \dfrac{(bh^3 - b_1 h_1^3)}{12}$	$W_Z = \dfrac{(bh^2 - b_1 h_1^2)}{6}$

6.2.2　梁弯曲时的强度条件及其应用

1. 强度条件

为了保证梁安全可靠地工作,应使梁的最大正应力不超过梁的许用正应力,即

$$\sigma_{\max} = \frac{M_{\max}}{W_Z} \leqslant [\sigma] \qquad (6-3)$$

式中,$[\sigma]$ 为梁的许用应力。

2. 关于危险点的讨论

(1) 对称截面

若截面对称于中性轴,则称为对称截面,否则称为非对称截面。对于塑性材料,其许用拉应力和许用压应力相同。对称截面塑性材料的危险点可以选择距中性轴最远端的任一点计算。

对于许用拉应力和许用压应力不同的脆性材料,由于脆性材料的许用压应力大于许用拉应力,所以只需计算受拉边的最大应力值。

$$\sigma_{l\max} \leqslant [\sigma_l]$$

(2) 非对称截面

对于塑性材料,危险点一定出现在距中性轴最远处,所以这种情况下只需计算一个危险点。

$$\sigma_{\max} = \frac{M}{I_Z} y_{\max} \leqslant [\sigma]$$

对于脆性材料,需要结合弯矩的正负及截面形状分别计算。如果距中性轴最远处的是受拉边则只需计算一个危险点;如果距中性轴最远处的是受压边则需要计算两个危险点。

其强度条件为

$$\sigma_{lmax} = \frac{M_{max}}{I_Z} y_{lmax} \leqslant [\sigma_1]$$

$$\sigma_{ymax} = \frac{M_{max}}{I_Z} y_{ymax} \leqslant [\sigma_y]$$

式中,σ_{lmax} 和 σ_{ymax} 分别为最大拉应力和最大压应力;$[\sigma_1]$ 和 $[\sigma_y]$ 分别为许用拉应力和许用压应力;y_{lmax} 和 y_{ymax} 分别是拉应力和压应力一侧最远点到中性轴的距离。

例 6 - 6 如图 6 - 13(a)所示,托架为一 T 形截面的铸铁梁。已知截面对中性轴 z 的惯性矩 $I_Z = 1.35 \times 10^7 \text{mm}^4$,$F_P = 4.5 \text{ kN}$,铸铁的弯曲许用应力 $[\sigma_1] = 40$ MPa,$[\sigma_2] = 80$ MPa,若略去梁的自重影响,试校核梁的强度。

解 (1)画其受力图(如图 6 - 13(b)所示)

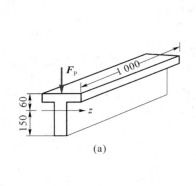

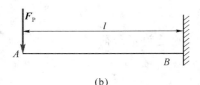

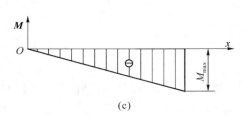

图 6 - 13 T 形铸铁梁

(2)绘制弯矩图[如图 6 - 13(c)所示],并求最大弯矩值

$$M_{max} = F_p l = 4.5 \times 1 = 4.5 (\text{kN} \cdot \text{m})$$

(3)校核强度

$$\sigma_{lmax} = \frac{M_{max}}{I_Z} y_{ymax} = \frac{4.5 \times 10^6}{1.35 \times 10^7} \times 60 = 20(\text{MPa}) < [\sigma_1]$$

$$\sigma_{ymax} = \frac{M_{max}}{I_Z} y_{ymax} = \frac{4.5 \times 10^6}{1.35 \times 10^7} \times 150 = 50(\text{MPa}) < [\sigma_y]$$

所以此铸铁梁的强度足够。

例 6 - 7 一矩形截面简支梁(见图 6 - 14(a)),$b = 200 \text{ mm}$,$h = 300 \text{ mm}$,$l = 4 \text{ m}$,$[\sigma] = 10 \text{ MPa}$。试求梁能承受的许可均布载荷 q。

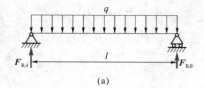

(a)

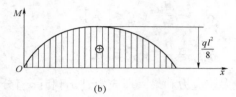

(b)

图 6 – 14　简支梁

解　（1）求支座反力

$$F_{RA} = F_{RB} = \frac{ql}{2}$$

（2）绘弯矩图［6 – 14（b）］，并求最大弯矩

$$M_{max} = \frac{ql^2}{8} = \frac{q}{8} \times 4^2 = 2q(kN \cdot m)$$

（3）确定许可载荷

$$M_{max} \leqslant W_Z[\sigma]$$

因

$$W_Z = \frac{bh^2}{6} = \frac{200 \times 300^2}{6} = 3 \times 10^6 (mm^3)$$

故

$$2q \times 10^6 \leqslant 3 \times 10^6 \times 10$$
$$q \leqslant 15 \ N/mm$$

例 6 – 8　简易吊车梁如图 6 – 15（a）所示，已知起吊最大载荷 $Q = 50 \ kN$，跨度 $l = 10 \ m$，若梁材料的许用应力 $[\sigma] = 180 \ MPa$，不计梁的自重，试求：选择工字钢的型号；若选用矩形截面，其高度比为 $\frac{h}{b} = 2$ 时，确定截面尺寸；比较两种梁的重量。

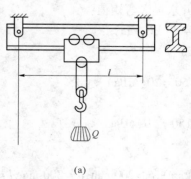

(a)

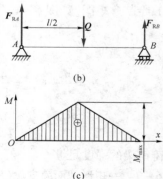

(b)

(c)

图 6 – 15　简易吊车梁

解 （1）绘制梁的受力图［图 6-15（b）］，求约束反力

$$F_{RA} = F_{RB} = Q/2$$

绘制梁的弯矩图［图 6-15（c）］，并求最大弯矩。

$$M_{max} = \frac{Ql}{4} = \frac{50 \times 10}{4} = 125(\text{kN} \cdot \text{m})$$

选择工字钢型号

$$W_Z \geqslant \frac{M_{max}}{[\sigma]} = \frac{125 \times 10^6}{180} \text{mm}^3 = 686\,813\ \text{mm}^3 \approx 687(\text{cm}^3)$$

查表得 32a 号工字钢 $W_Z = 692 > 687(\text{cm})^3$，故可选用 32a 号工字钢，查得其截面面积为 67.156 cm²。

（2）若采用矩形截面

$$W_Z = \frac{bh^2}{6} = \frac{2b^3}{3} = 689\ \text{cm}^3$$

$$b = \sqrt[3]{\frac{687 \times 3}{2}}\,\text{cm} = 10\ \text{cm}$$

$$h = 2b = 20\ \text{cm}$$

$$A = bh = 200\ \text{cm}^2$$

（3）比较两梁的重量

在材料和长度相同的条件下，梁的重量之比等于截面面积之比。

$$\frac{A_{矩}}{A_{工}} = \frac{200}{67.156} = 2.98$$

即矩形截面的梁的重量是工字钢截面梁的 2.98 倍。

例 6-9 螺栓压紧装置如图 6-16 所示。已知板长 $a = 50$ mm，压板材料的弯曲许用应力 $[\sigma] = 140$ MPa，试计算压板对工件的最大压紧力 F_P。

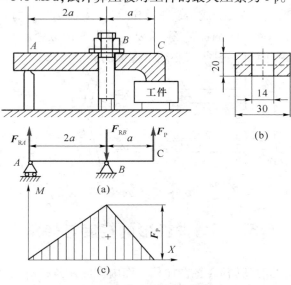

图 6-16　螺栓压紧装置

解 （1）压板受力分析

压板可以简化为如图 6 – 16（a）所示的外伸梁。由梁外伸部分 BC 可以求得截面 B 的弯矩 $M_B = F_P a$。此外又知 A、C 两截面的弯矩为零，弯矩图如图 6 – 16（c）所示。由弯矩图可知，最大弯矩在截面 B 上：$M_{\max} = M_B = F_P a$。

（2）计算截面 B 抗弯截面系数 W_Z

$$I_Z = \frac{3 \times 2^3}{12} - \frac{3 \times 1.4^3}{12} = 1.07 \text{ cm}^3 = 1.07 \times 10^3 \text{ mm}^3$$

$$W_Z = \frac{I_Z}{y_{\max}} = 1.07 \text{ cm}^3 = 1.07 \times 10^3 \text{ mm}^3$$

（3）计算压板对工件的最大压紧力 F_P

由强度条件

$$\sigma_{\max} = \frac{M_{\max}}{W_Z} = \frac{F_P \cdot a}{W_Z} \leqslant [\sigma]$$

有

$$F_P \leqslant \frac{W_Z \cdot [\sigma]}{a} = \frac{1.07 \times 10^3 \times 140}{50} \text{N} = 3\ 000 \text{ N} = 3 \text{ kN}$$

所以根据压板的强度，最大压紧力应不超过 3 kN。

6.3　梁的弯曲变形及刚度计算*

梁与其他受力杆件一样，除了要满足强度条件外，还要满足刚度条件。使其工作时变形不致过大，否则会引起振动，影响机器的运转精度，甚至导致失效。例如图 6 – 17 所示，齿轮轴的弯曲变形过大，就会影响齿轮的正常啮合，加速齿轮的磨损，并使轴与轴承配合不好，造成传动不稳定，减少寿命。另一方面，弯曲变形也有可利用的一面。如车辆上的钢板弹簧，需要足够大变形以缓和车辆受到的冲击和震动，为了限制和利用梁的变形，就必须掌握梁的变形计算。

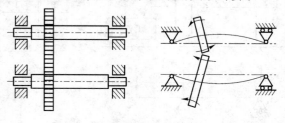

图 6 – 17　齿轮轴

6.3.1　弯曲变形的挠度与转角

直梁在平面弯曲时，其轴线将在加载平面内弯成一条光滑的平面曲线，该曲线称为梁的挠曲线,如图 6 – 18 所示。梁任意横截面形心沿 y 轴方向的线位移,称为挠度,用 y 表示,通常规定:向上为正,向下为负。由于弯曲变形属于小变形,梁横截面形心沿 x 轴方向的位移很小,可忽略不计。

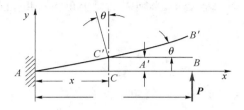

图 6 – 18 梁的挠曲线

在弯曲过程中,梁任一横截面相对于原来位置所转过的角度,称为转角,用 θ 表示,通常规定:逆时针为正,顺时针为负。

6.3.2 梁的挠曲线方程

为了表达梁的挠度与转角随着截面位置不同而变化的规律,取梁变形前的轴线为 x 轴,与 x 轴垂直向上的轴为 y 轴,如图 6 – 18 所示。则挠曲线方程可表示为

$$y = y(x) \tag{6-4}$$

在忽略剪力对变形影响的情况下,横截面在变形后仍垂直于挠曲线。这样,任一截面的转角 θ 也等于挠曲线在该截面处的切线与 x 轴的夹角。由于 θ 很小,所以有

$$\theta \approx \tan \theta = \frac{\mathrm{d}y}{\mathrm{d}x} = y \tag{6-5}$$

式(6 – 5)称为梁的转角方程,它反映了挠度和转角的关系。

由上可知,如果知道了梁的挠曲线方程和转角方程,梁各截面的挠度和转角也就知道了。

6.3.3 用叠加法求梁的变形

在梁服从胡克定律的条件下,梁的挠曲线方程和转角方程均与载荷呈线性关系。因此,梁在复杂载荷作用下的变形,可将其看成是几种简单载荷分别作用下的叠加。用叠加法可计算复杂载荷作用下梁的变形。即先分别计算每一种载荷单独作用时引起的梁的挠度和转角,然后,再把同一截面的转角和挠度代数相加,就得到这些载荷共同作用下的该截面的挠度和转角。

为简化计算,工程技术人员已经把梁在各种典型的简单载荷作用下的挠度和转角计算公式求出并列在相应的计算表中,实际应用时只需查表选用即可。

6.3.4　梁的弯曲刚度条件

为了保证受弯梁能安全工作,必须限制梁上最大挠度和最大转角不超过许用值,即梁的刚度条件为

$$y_{max} \leqslant [y]$$
$$\theta_{max} \leqslant [\theta] \tag{6-6}$$

式中,$[y]$为许可挠度;$[\theta]$为许可转角。有关数据可参考有关规范及手册来确定$[y]$值和$[\theta]$值。

设计时,通常根据强度条件,结构要求,确定梁的截面尺寸,然后,校核其刚度,对于刚度要求高的轴,其截面尺寸往往由刚度条件决定。

6.4　提高梁的弯曲强度的措施

提高梁的弯曲强度就是指用尽可能少的材料,使梁能够承受尽可能大的载荷,达到既安全又经济的要求。由梁的强度条件式 $\sigma_{max} = M_{max} \leqslant [\sigma]$ 可知,梁的弯曲强度与梁的最大弯矩 M_{max} 和抗弯截面系数 W_z 有关,所以,降低最大弯矩 M_{max} 或增大抗弯截面模量 W_z,均能提高强度;另外,由前面分析可知,梁的变形与跨度 l 的高次方成正比,与截面惯性矩 I_z 成反比。由此可见,为提高梁的承载能力,除合理地施加载荷和安排支承位置,以减小弯矩和变形外,主要应从增大 I_z 和 W_z,以及减小跨度等方面采取措施,以使梁的设计经济合理。工程上可采用以下几项措施。

1. 选择合理的截面形状

梁的截面形状有圆形、矩形、工字形、槽形等。选用合理的截面,调节截面几何性质可以达到提高强度和节约材料的目的。在截面面积即材料重量相同时,应采用 I_z 和 W_z 较大的截面形状,即截面积分布应尽量远离中性轴。因离中性轴较远处正应力较大,而靠近中性轴处正应力很小,这部分材料没有被充分利用。若将靠近中性轴处的材料移到离中性轴较远处,如将矩形改为工字形截面,则可提高惯性矩和抗弯截面系数,即提高抗弯能力。同理,实心圆截面若改为面积相等的圆环形截面也可提高承载能力。同样大小的截面积,槽形和工字形比圆形和矩形抗弯能力强。汽车的大梁由槽钢制成,活扳手的手柄、吊车梁制成工字形截面等,这些都是从提高抗弯能力和节约材料来考虑的。同时,合理的截面形状应使截面上的最大拉应力和最大压应力同时达到相应的许用应力值。对于抗拉和抗压强度相等的塑性材料,宜采用中性轴是对称轴的截面(工字形)。对于抗拉和抗压强度不相等的脆性材料,宜采用中性轴不对称的截面(如 T 字形或槽形)。

2. 采用变截面梁或等强度梁

等截面的截面尺寸是由最大弯矩决定的。故除最大弯矩所在截面外,其余部分材料未被充分利用。所以在工程实际中,常根据弯矩沿梁轴线的变化情况,将梁也相应设计成变截面梁。在弯矩较小处采用较小截面,而在弯矩较大处采用较大截面。例如摇臂钻的横梁、汽车用的板簧等。同样,工程中常见的阶梯轴,可大量节约材料,设计也更加合理。除上述材料在梁的某一截面合理安排外,还有一个材料沿梁的轴线如何合理安排问题。

3. 合理布置载荷

梁的强度计算中,当抗弯截面系数已定,最大正应力的数值随弯矩的增大而增大。合理布置载荷可以减小 M_{max} 的绝对值,使梁弯曲时的工作应力降低,以达到提高梁承载能力的目的。
① 在结构允许的条件下,将集中载荷变为均布载荷。
② 将集中载荷尽量靠近支座。
③ 适当调整梁的支座的位置。

4. 减小跨度或增加支承

因梁的变形与梁的跨度 l 高次方成正比,故减小跨度是提高梁抗弯强度和抗弯刚度的有效措施。如在车床车工件时在工件的自由端加装尾架顶针即为此目的。

本章小结

重点:圆轴两端受到大小相等,方向相反,作用面与圆轴轴线垂直的一对力偶的作用,圆轴发生扭转变形,其横截面上任意点的切应力与该点所在的圆周半径成正比,方向与过该点的半径垂直;利用截面法求解圆轴扭转变形横截面上的内力和应力;利用强度条件式解决工程实际问题。

难点:圆轴扭转变形扭矩图的绘制和作用;圆轴扭转变形横截面应力分布规律;强度条件公式的灵活应用。

思考题与习题

6-1 梁弯曲时横截面上的内力有哪些? 它们的符号是如何规定的?

6-2 作用在梁上的载荷通常有哪几种?

6-3 梁弯曲时,怎样判断梁上的危险截面和危险点?

6-4 空心截面梁的强度比实心截面梁的强度大,这种说法正确吗?

6-5 怎样解释"在梁上集中力作用处剪力图发生突变,弯矩图发生转折"和"在集中力偶作用处弯矩图发生突变而剪力图无变化"?

6-6 试求如图6-19所示各梁1-1、2-2截面上的剪力和弯矩。

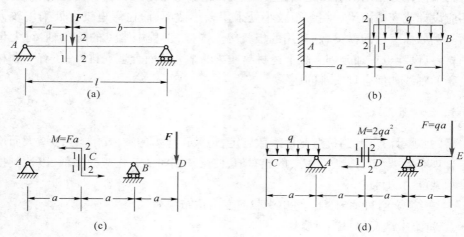

图 6-19 题 6-6

6-7 试列出如图6-20所示梁的剪力、弯矩方程,画出剪力图和弯矩图。

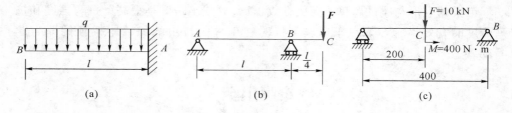

图 6-20 题 6-7

6-8 如图6-21所示,电动机带动皮带轮转动,已知轮的重量 $G = 600$ N,直径 $D = 200$ mm,皮带张力为 $F_{T1} = 2F_{T2}$。若电动机功率 $P = 14$ kW,转速$n = 950$ r/min,试绘出 AB 轴的扭矩图。

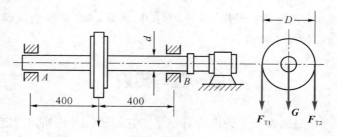

图 6-21 题 6-8

6 - 9　外伸梁承受载荷如图 6 - 22 所示,已知横截面为 22a 工字钢,试求梁横截面上的最大正应力和最大切应力,并指出其作用位置。

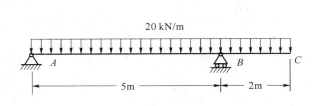
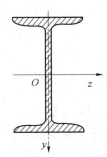

图 6 - 22　题 6 - 9

第7章　*组合变形简介*

本章知识点

1. 组合变形的基本概念
2. 拉(压)弯组合变形
3. 弯扭组合变形

7.1　组合变形的概念

前面几节分别讨论了杆件拉伸(压缩)、剪切、扭转和弯曲4种基本变形,而且所讨论的杆件在外力作用下只发生一种基本变形。但在工程实际中,有很多杆件在外力作用下往往同时发生两种或两种以上的基本变形,这类变形称为组合变形。工程中许多受拉(压)构件同时发生弯曲变形,称为拉(压)弯组合变形。如图7-1所示的传动轴,产生弯曲和扭转的组合变形。

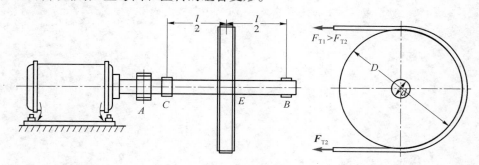

图 7-1　机械中的传动轴

7.2　拉(压)弯组合变形

如图7-2所示,外力 F 的作用线与梁的 x 轴成一夹角 θ。下面分析该力对梁作用的变形效果。

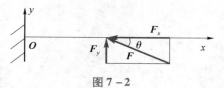

图 7-2

处理组合变形问题的基本方法是叠加法,先将组合变形分解为基本变形,再分别考虑在每一种基本变形情况下产生的应力和变形,最后再叠加起来。如图7-2所示,首先将力 F 分解为 F_x、F_y。在力 F_x 的作用下,悬梁产生沿 x 方向的压缩变形。在力 F_y 的作用下,悬梁在 xOy 平面内产生沿 y 方向的弯曲变形。这样,就将组合变形的问题分解为两个基本变形的问题,而使问题得到简化。

组合变形强度计算的步骤一般如下:

① 外力分析:将外力分解或简化为几种基本变形的受力情况。

② 内力分析:分别计算每种基本变形的内力,画出内力图,并确定危险截面的位置。

③ 应力分析:在危险截面上根据各种基本变形的应力分布规律,确定出危险点的位置及其应力状态。

④ 建立强度条件:将各基本变形情况下的应力叠加,然后建立强度条件进行计算。

1. 横截面上的应力分析

设矩形等截面悬臂梁如图7-3所示,外力 F 位于梁的纵向对称平面 xOy 内并与梁的轴线 x 成 α 角。将外力 F 分解为轴向力 $F_x = F\cos\alpha$ 和横向力 $F_y = F\sin\alpha$。力 F_x 使梁产生拉伸变形,力 F_y 使梁产生弯曲变形,所以梁产生弯曲与拉伸的组合变形。画出梁的轴力图和弯矩图(图7-3(c)、(d)),由图可知,危险截面在梁的根部(截面 O),截面 O 上的应力分布如图7-3(e)所示。

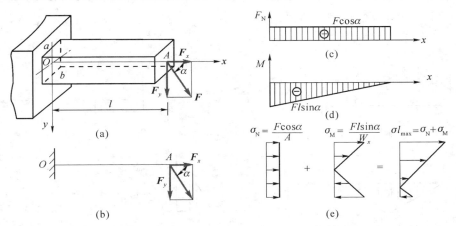

图7-3 矩形等截面悬臂梁

从截面 O 的应力分布图上可以看出,其上、下边缘各点为危险点(例如,图7-3(a)中的点 a、b)。它的应力是由轴力 $F = F\cos\alpha$ 引起的正应力 $\sigma_N = \dfrac{F\cos\alpha}{A}$

和弯矩 M 引起的正应力 $\sigma_M = \dfrac{Fl\sin\alpha}{W_Z}$ 叠加而成。在截面上侧的边缘点有最大拉应力 σ_{lmax}，在截面下侧的边缘处有最大压应力 σ_{ymax}，其值分别为

$$\sigma_{lmax} = \frac{F_N}{A} + \frac{M_{max}}{W_Z}$$

$$\sigma_{ymax} = \left| \frac{F_N}{A} - \frac{M_{max}}{W_Z} \right|$$

2. 强度条件

当杆件发生轴向拉压与弯曲的组合变形时，对于抗拉压强度相同的塑性材料，只需按截面上的最大应力进行强度计算，其强度条件为

$$\sigma_{lmax} = \frac{F_N}{A} + \frac{M_{max}}{W_Z} \leqslant [\sigma]$$

对于抗压强度大于抗拉强度的脆性材料，则要分别按最大拉应力和最大压应力进行强度计算，其强度条件为

$$\begin{cases} \sigma_{lmax} = \dfrac{F_N}{A} + \dfrac{M_{max}}{W_Z} \leqslant [\sigma_1] \\[3mm] \sigma_{ymax} = \left| \dfrac{F_N}{A} - \dfrac{M_{max}}{W_Z} \right| \leqslant [\sigma_y] \end{cases}$$

例 7 – 1　简易悬臂吊车如图 7 – 4(a)所示，其起吊的重力 $F = 15 \text{ kN}, \alpha = 30°$，横梁 AB 为 25a 工字钢（抗弯截面系数 $W_Z = 402 \text{ cm}^3$，横截面积 $A = 48.54 \text{ cm}^2$)，$[\sigma] = 100 \text{ MPa}$ 试校核梁的强度。

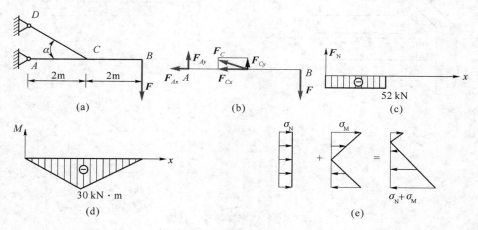

图 7 – 4　简易悬臂吊车

解　（1）对梁 AB 进行受力分析（见图 7 – 4(b))，建立平衡方程如下，求内力

$$\sum M_A(F) = 0, \qquad -F \times 4 + F_C\sin\alpha \times 2 = 0$$

得

$$F_C = \frac{2F}{\sin 30°} = 4F = 4 \times 15 \text{ kN} = 60 \text{ kN}$$

得

$$F_{Cx} = F_C \cos 30° = 52 \text{ kN}$$
$$F_{Cy} = F_C \sin 30° = 30 \text{ kN}$$

由

$$\sum F_x = 0, \sum F_y = 0$$

得

$$F_N = -F_{Ax} = -F_{Cx} = -52 \text{ kN}$$
$$F_{Ay} = F - F_{Cy} = (15 - 30) \text{kN} = -15 \text{ kN}$$

梁 AB 承受弯曲与压缩组合变形，最大弯矩为

$$M_{max} = M_C = F_{Ay} \times l_{AC} = 15 \times 2 \text{ kN} \cdot \text{m} = 30 \text{ kN} \cdot \text{m}$$

（2）应力分析

画出梁 AB 的内力图，如图 7-4(c)、(d)所示。梁 AB 上截面 C 左侧为危险截面。其最大弯曲正应力为

$$\sigma_1 = \frac{M_{max}}{W_Z} = \left(\pm \frac{30 \times 10^3}{402 \times 10^{-6}} \right) \frac{\text{N}}{\text{m}^2} = \pm 74.6 \text{ MPa}$$

轴向压应力为

$$\sigma_2 = -\frac{F_N}{A} = \left(-\frac{52 \times 10^3}{48.54 \times 10^{-4}} \right) \frac{\text{N}}{\text{m}^2} = 10.7 \text{ MPa}$$

（3）校核梁 AB 的强度

因为其最大正应力为

$$\sigma_{ymax} = | -10.7 - 74.6 | \text{MPa} = 85.3 \text{ MPa} \leqslant [\sigma]$$

所以梁 AB 满足强度条件。

7.3　弯扭组合变形

　　除前面介绍的拉（压）与弯曲的组合变形外，最为常见的还有一种弯曲与扭转的组合变形，简称弯扭组合变形。一般的轴在发生扭转时常伴随弯曲。在弯曲较小的情况下，轴可只按扭转问题来处理。但当弯曲不能忽视时，就成为弯扭组合变形。比如转轴，轴上装有齿轮、带轮或联轴器等，齿轮啮合时产生径向力和圆周力使轴发生弯曲变形。同时，对轴产生力偶矩使轴发生扭转变形。由于转轴在工程实际中应用很广泛，因此分析这种组合变形问题十分必要。

　　转轴是机器中的重要零件，它在工作时将会受到弯曲和扭转的组合作用。它的各截面上会产生弯矩和扭矩，弯矩引起正应力，扭矩引起切应力。在建立强度条

件时,不能孤立地单独考虑正应力或切应力,必须同时考虑它们的综合作用。

如图 7 - 5(a)所示,圆轴的左端固定,右端自由,在自由端得横截面上作用有一个外力偶 M 和一个通过轴心的横向力 F。

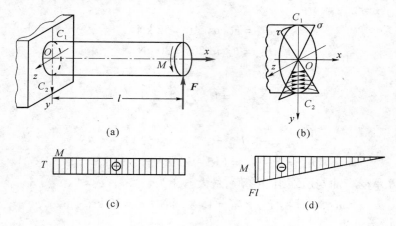

图 7 - 5 弯曲组合

1. 外力分析

外力偶 M 使轴发生扭转变形,而横向力 F 使轴发生弯曲变形。对一般的轴来说,由横向力 F 引起的切应力不大,可以忽略不计,这样该圆轴的变形就是弯、扭组合变形。

2. 内力分析

为了确定圆轴危险截面的位置,必须先分析轴的内力情况。分别考虑横向力 F 和力偶 M 的作用,画出圆轴的扭矩图[图 7 - 5(b)]和弯矩图[图 7 - 5(c)]。由图可见,圆轴各截面上的扭矩相同,而弯矩则在固定端截面 O 处最大,所以截面 O 为危险截面,其弯矩值和扭矩值分别为 $M_{max} = Fl$ 和 $T = M$。

3. 应力分析

由于在端截面 O 上同时存在最大弯矩和扭矩,因此该截面上的各点处,相应存在弯曲正应力和扭转切应力,应力的分布如图 7 - 5(d)所示。由图可知,截面 O 整个横截面的外圆周上各点处存在最大切应力 τ_{max},截面 O 上的 $C_1/2$ 和 $C_1/2$ 两点处得弯曲正应力最大,所以这两点称为危险截面上的危险点。危险点上的正应力和切应力分别为

$$\sigma_{max} = \frac{M_{max}}{W_Z}, \tau_{max} = \frac{T}{W_n}$$

式中,M_{max} 和 T 为危险截面上的弯矩和扭矩;W_Z 和 W_n 为抗弯截面系数和抗扭截面系数。

4．强度条件

弯扭组合变形中，由于危险点上既有正应力 σ 又有切应力 τ，属于复杂应力状态，而复杂应力状态下应力的组合是多样化的，显然实验难以完整进行。因此，对于这类复杂应力状态下强度条件的建立，不能沿用前面介绍的拉（压）、扭转、弯曲等基本变形在单向应力状态时建立在实验基础上的方法，所以不能将正应力和切应力简单地进行代数和相加。但是，通过找出分析材料破坏的原因，可探索复杂应力状态下材料破坏的规律。经过长期的研究分析，人们提出了强度理论。目前广泛使用的有 4 种强度理论，机械中的轴一般都是用塑性材料制成，因此应采用第三或第四强度理论。

（1）第三强度理论（最大切应力理论）

最大切应力是引起材料屈服破坏的主要因素，无论材料处于何种状态，只要材料内一点最大切应力 τ_{max} 达到材料的极限应力，即发生塑性屈服破坏。其强度表达式为

$$\tau_{max} \leqslant |\tau|$$

可以证明，在弯扭组合变形时，最大切应力为

$$\tau_{max} = \frac{\sqrt{\sigma^2 + 4\tau^2}}{2}$$

$[\sigma]$ 与 $[\tau]$ 之间的关系为 $[\tau] = \frac{[\sigma]}{2}$。

因此，第三强度理论的强度条件表达式可写成

$$\sigma_{r3} = \sqrt{\sigma^2 + 4\tau^2} \leqslant |\sigma|$$

（2）第四强度理论（形状改变比能理论）

形状改变比能是引起材料塑性屈服的主要因素。即：只要危险点处的形状改变比能达到单向应力状态下的形状改变比能，材料即发生塑性屈服。即第四强度理论的强度条件表达式：

$$\sigma_{r4} = \sqrt{\sigma^2 + 3\tau^2} \leqslant [\sigma]$$

对于圆轴，由于 $W_n = 2W_Z$，可得到按第三和第四强度理论建立的强度条件为

$$\sigma_{r3} = \frac{\sqrt{M^2 + T^2}}{W_Z} \leqslant [\sigma]$$

$$\sigma_{r4} = \frac{\sqrt{M^2 + 0.75T^2}}{W_Z} \leqslant [\sigma]$$

以上两式只适用于由塑性材料制成的弯扭组合变形的圆轴（包括空心圆轴）。

例 7-2 如图 7-6 所示为圆轴 AB，在轴的右端联轴器上作用有一力偶 M。已知：$D = 0.5$，$F_1 = F_2 = 6$ kN，$d = 90$ mm，$a = 500$ mm，$[\sigma] = 50$ MPa，试按第四强度理论设计准则校核圆轴的强度。

解 （1）将作用于带上的力向轴线简化，如图 7-6(b) 所示，得

$$F_1 + F_2 = 12 \text{ kN}$$

$$M_1 = (F_1 + F_2)D/2 = 3 \text{ kN} \cdot \text{m}$$

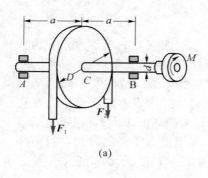

(a)

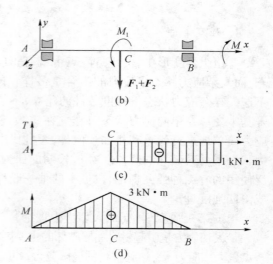

(b)

(c)

(d)

图 7－6　例 7－2

（2）分别画出轴的扭矩图和弯矩图（图 7－6（c）、（d）），可以看出 C 截面为危险截面

（3）由第四强度理论设计准则

$$\sigma_{r4} = \frac{\sqrt{M^2 + 0.75T^2}}{W_z} = \frac{\sqrt{(3 \times 10^6)^2 + 0.75 \times (1 \times 10^6)^2}}{0.1 \times 90^3}$$

$$= 42.83(\text{MPa}) < [\sigma] = 50 \text{ MPa}$$

所以，强度足够。

本章小结

重点：组合变形的概念；拉（压）弯组合变形强度计算方法—叠加法；弯扭组合变形受载特点，强度计算的方法。

难点：组合变形危险截面的确定，强度计算的方法。

思考题与习题

7－1　如何判断构件的变形类型？

7－2　用叠加法计算组合变形杆件的内力和应力时，其限制的条件是什么？

7－3　简易悬臂吊车如图 7－7 所示，其起吊的重力 $F = 15$ kN，$\alpha = 30°$，横梁 AB 为 25a 工字钢（抗弯截面系数 $W_z = 402 \text{ cm}^3$，横截面积 $A = 48.54 \text{ cm}^2$），$[\sigma] = 100$ MPa，试校核梁 AB 的强度。

7－4　如图 7－8 所示为钻床铸铁立柱，已知钻孔作用力为 $F_P = 15$ kN，力 F_P 跟立柱中心线的距离为 $e = 300$ mm。许用拉应力 $[\sigma_{拉}] = 32$ MPa，试计算立柱直径 d。

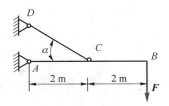

图 7 - 7 题 7 - 3

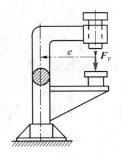

图 7 - 8 题 7 - 4

7 - 5 如图 7 - 9 所示的圆轴,已知 $F = 8$ kN,$M = 3$ kN·m,$[\sigma] = 100$ MPa,试用强度理论求轴的最小直径。

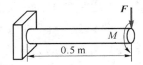

图 7 - 9 题 7 - 5

7 - 6 如图 7 - 10 所示的传动轴由电动机带动,轴长 $l = 1.2$ m,在 AB 的中央安装一胶带轮,重力 $G = 5$ kN,半径 $R = 0.6$ m,胶带的紧边张力 $F_1 = 6$ kN,松边张力 $F_2 = 3$ kN。轴的直径 $d = 0.1$ m,材料的许用应力 $[\sigma] = 50$ MPa。试按第三强度理论校核轴的强度。

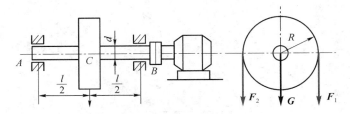

图 7 - 10 题 7 - 6

第8章 其他因素对强度的影响

本章知识点

1. 简单介绍了失稳对拉压杆件的影响及如何提高压杆承载能力的措施
2. 简单介绍应力集中的基本概念及其对零件的影响
3. 简单介绍交变应力对零件强度的影响

8.1 压杆稳定

8.1.1 压杆稳定的概念

前面研究受压直杆时,认为它的破坏主要取决于强度,并规定杆件的工作应力必须小于它的许用应力,以保证杆件安全地工作。实际上,这个结论只对短粗的压杆才是正确的,若用于细长杆,将导致错误的后果。例如,取一块截面积为 $100\ mm^2$、高为 10 mm 的木板,若要用一个人的力气将它压坏,显然是困难的。若压的是一根截面尺寸相同、而长为 1 m 的木杆(图 8－1),则情况大不一样,木板将产生横向弯曲变形,而且弯曲变形会越来越大,直到木板破坏。这表明对压杆来说,短杆和细长杆产生破坏的性质是不同的。短杆是强度问题,而细长杆则是能否保持原有直线平衡状态的问题,即为稳定性问题。工程上把压杆不能保持它原有直线平衡状态而突然变弯的现象,称为压杆丧失了稳定性。

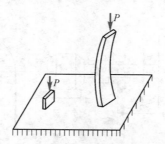

图 8－1 不同长度的受压杆

对于受拉的直杆,如图 8－2(a)所示,在其两端作用有一对大小相等、方向相反的轴向力,杆件处于平衡状态。当遇到横向外力的干扰时,杆件也会变弯,如图 8－2(b)所示,一旦撤去横向外力后,杆件总是会恢复到原来的直线形状。这就是说,直杆在受拉时,其原有的直线平衡状态是稳定的。

　　实验和理论都证明,压杆的稳定性除与压杆的材料有关外,还与压杆横截面的形状尺寸以及压杆两端的支撑情况有关。

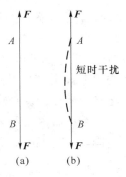

图 8 - 2　受拉杆件

　　综合考虑压杆的杆长,横截面的形状及支撑情况,可把压杆分成三类压杆,即细长杆、中长杆和短粗杆。细长杆和中长杆需要进行稳定校核,而短粗杆不需要进行稳定校核。因为短粗杆的破坏属于强度问题。

8.1.2　提高压杆承载能力的措施

　　为提高压杆承载能力,必须综合考虑杆长、支承、截面的合理性及材料等因素。

1. 尽量减少压杆长度

　　对于细长压杆,其稳定性与杆长的平方成正比,因此,减小杆长可以显著提高压杆的承载能力。在某些情况下,通过改变结构或增加支点可以达到减少杆长的目的。增强支撑的刚性,支撑的刚性越大,零件的稳定性越好。

2. 合理选择截面形状

　　一般情况下,对于一定的横截面面积,正方形截面或圆截面比矩形截面好,空心正方形或圆形截面比实心截面好。

3. 合理选用材料

　　在其他条件相同的情形下,选择弹性模量较大的材料可以提高细长杆的承载能力。例如钢杆的临界力大于铜、铸铁或铝制压杆的临界力。但是,普通碳素钢、合金钢以及高强度钢的弹性模量相差不大,因此对于细长杆,选用高强度钢对于压杆的临界力影响甚小,意义不大,反而造成材料的浪费。对于粗短杆或中长杆,选用高强度钢可使稳定性有所提高。

8.2　应力集中的概念

前面分析的等截面直杆在轴向拉伸(压缩)时,横截面上的正应力是均匀分布的。但工程上有一些构件,由于结构和工艺等方面的需求,构件上常常开有孔槽或留有凸肩、螺纹等,使截面尺寸往往发生急剧的改变,而且构件也往往在这些地方发生破坏。大量的研究表明,在构件截面突变处的局部区域内,应力急剧增加;而离开这些区域稍远处,应力又逐渐趋于缓和,这种现象称为应力集中。

图 8-3 所示为开有圆孔的矩形截面杆在受到轴向拉伸时开孔和切口处截面的应力分布图,在靠近孔边的小范围内,应力很大,而离孔边稍远处的应力却是很小,且趋于均匀分布。

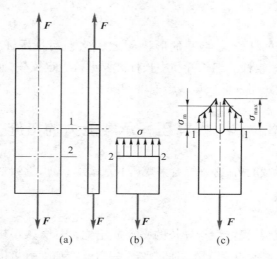

图 8-3　应力集中现象

实验结果表明:截面尺寸改变越急剧,角越尖,孔越小,应力集中的程度越严重。因此,零件上应尽可能地避免带尖角的孔和槽,在阶梯轴的轴肩处要用圆弧过度,而且应尽可使圆弧半径大一些。

在静载荷下,各种材料对应力集中的敏感程度不同。由塑性材料制成的零件在静载的作用下,对应力集中不太敏感,可以不考虑应力集中的影响。对脆性材料制成的零件,应力集中的危害性显得尤为严重,即使在静载下,也应考虑应力集中对零件承载能力的削弱。

需要指出的是,当零件受交变应力或冲击载荷作用时,不论是塑性材料还是脆性材料,应力集中都会影响零件强度,往往是零件破坏的根源。

8.3　疲劳破坏

8.3.1　动载荷和交变应力

1. 动载荷的概念

在研究直杆拉(压)、梁的弯曲和圆轴的扭转等的变形和强度时,都是把外载荷的大小和方向看成是不随时间变化的,这种大小和方向不随时间变化而变化的载荷称为静载荷。然而在工程实际中,大多数零件工作时所受到的载荷并不是静载荷。如互相啮合的齿轮、内燃机的连杆、高速旋转的砂轮等,在工作中所受的载荷明显要随时间而变化或者是短时间内有突变,这种载荷称为动载荷。

2. 交变应力

工程中许多构件处于随时间作周期性变化的应力下工作,成周期性变化的应力称为交变应力。例如齿轮的轮齿每啮合一次,齿根 A 点的弯曲应力就由零变化到某一最大值,然后再回到零(图 8 – 4)。齿轮连续转动时,A 点的应力即作周期变化。又如图 8 – 5(a)所示中的转轴,虽然所受载荷 F 的大小和方向并不随时间变化,但由于轴的转动,截面 A 的弯曲应力 σ 也随时间作周期变化[图 8 – 5(b)],其变化规律如图 8 – 5(c)所示。这种随时间做周期性变化的应力,称为交变应力。交变应力每重复变化一次称为一个应力循环,重复变化的次数称为循环次数。图 8 – 5 中表示应力变化的曲线称为应力循环曲线。为了能直观地反映交变应力的变化规律,便于分析受动载荷作用的轴及杆件的强度,就要分析交变应力循环的规律和类型。

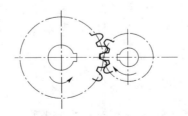

图 8 – 4　齿轮啮合

3. 交变应力的类型

工程中常见的交变应力的类型有以下几种。

对称循环的交变应力。应力循环中最大应力和最小应力大小相等,而符号相反的交变应力。

非对称循环的交变应力。应力循环中最大应力与最小应力数值不等的交变应力。

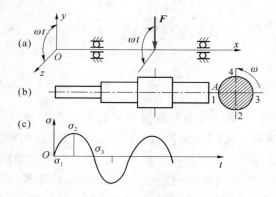

图 8-5 转动圆轴的交变应力

脉动循环的交变应力。在非对称循环中,最小应力等于零的交变应力。实践证明,在交变应力作用下的构件,虽然其内部的应力低于材料的屈服点应力,但即使是塑性好的材料,也会发生断裂,只是破坏时没有明显的塑性变形。在交变应力作用下,构件发生断裂的现象称为疲劳失效。

8.3.2 疲劳破坏

构件在交变应力作用下发生的破坏现象,称为"疲劳破坏"或"疲劳失效",简称疲劳。疲劳失效与静载荷作用下的强度失效,有着本质的区别。在交变应力作用下,经过一定的应力反复变化后,在构件内最大应力远低于屈服点时,构件也会发生突然的断裂。即使塑性好的材料,在断裂前也没有明显的塑性变形。如图 8-6 所示为构件疲劳破坏时的断口示意图。从图 8-6 中可看出,疲劳破坏的断口有两个截然不同的区域,即光滑区和粗糙区。这种断口特征,可根据疲劳破坏的成因来解释。

1. 疲劳破坏的特点与原因简述

疲劳失效与静载作用下的强度破坏有很大的差别。大量实验结果以及实际构件的疲劳失效现象表明,构件在交变应力作用下发生疲劳失效时,具有以下明显的特征:

① 即使交变应力的最大值小于材料的强度极限,甚至屈服点时,构件在经过一定次数的应力循环后,也能发生破坏。

② 即使是塑性材料,破坏时也无显著变形,而是发生突然脆性断裂。

③ 疲劳破坏断口具有明显的光滑区和粗糙区。光滑区是裂纹扩展所致,粗糙区是裂缝前沿应力集中导致突然脆断所致,如图8-6所示。

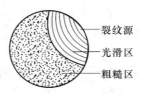

裂纹源
光滑区
粗糙区

图8-6 疲劳断口

形成这种破坏特点的原因通常是:当交变应力经过了一定次数的循环后,在构件上最大应力处或材质薄弱处就产生了细微的裂纹源。有时材料表面的加工痕迹、缺陷等本身就是裂纹源。随着应力循环次数的增加,裂纹逐渐扩大;在应力交替过程中,裂纹两表面的材料时而压紧,时而分开,不断反复,从而形成了断口处的光滑区域。随着裂纹的不断扩展,构件的有效承载面积将随之减小,并在裂纹交口处形成高度的应力集中。当裂纹扩大到一定程度后,就会在某次偶然的振动或冲击下,发生突然的脆性断裂,从而形成断口处的粗糙颗粒状区域。

工程中大部分零件的损坏都属于疲劳破坏。疲劳破坏是在没有明显塑性变形的情况下突然发生的,具有较大的危险性,造成的事故是严重的。因此,对交变应力引起的疲劳破坏应引起足够的重视,疲劳计算也就显得尤为重要。

2. 疲劳极限

由上述分析可知,构件发生疲劳失效时,所受到的最大应力低于静载下材料的屈服极限或强度极限,所以不能用静载强度指标作为衡量疲劳强度的标准,要用实验的方法测得材料在交变应力下的极限应力值(称为材料的疲劳极限)作为疲劳强度指标。

材料的疲劳极限是指材料试样经过无穷多次应力循环而不发生破坏时,应力循环中最大应力的最高限,又称为持久极限。试样材料的最大工作应力和使用寿命(即应力循环次数)之间的关系可用如图8-7所示的疲劳曲线来表示。

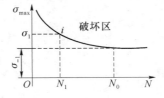

图8-7 疲劳曲线

从图8-7的疲劳曲线图中可以看出,交变应力的最大值越大,则构件的应力循环次数就越少,即构件的寿命越短;反之,则应力循环次数越多,寿命越长。当最

大应力降低到某一值时,疲劳曲线趋于水平,这表示构件在此交变应力下可经历无数次的应力循环而不发生疲劳破坏,这一应力值称为该材料的疲劳极限,在图8－7中以疲劳曲线的水平渐近线的纵坐标表示。

材料的持久极限远小于其强度极限。也就是说,在交变应力作用下,材料抵抗破坏的能力显著降低。

试验结果还表明,同一种材料在不同的应力循环特性下的持久极限数值不同。同一种材料在相同的基本变形下,以对称应力循环时的持久极限为最低。因此,实际工程中以材料在对称应力循环下的持久极限作为材料疲劳强度的基本指标。

本章小结

重点:压杆失稳的概念;提高压杆承载能力的措施;应力集中的基本概念及其对零件的影响;交变应力的类型及其对零件强度的影响;疲劳破坏的原因及特点。

难点:正确区分过载破坏和疲劳破坏。

思考题与习题

8－1　杆件在什么情况下要考虑其稳定性?

8－2　疲劳破坏有哪些特点? 如何根据构件的破坏断口判断破坏原因?

8－3　应力集中对零件有什么影响,可以通过哪些方式来减小零件的应力集中?

参 考 文 献

[1]　刘鸿文.材料力学[M].北京:高等教育出版社,1998.

[2]　胡家秀.简明机械零件设计手册[M].北京:机械工业出版社,1998.

[3]　贾书惠.理论力学教程[M].北京:清华大学出版社,2004.

[4]　刘巧玲.理论力学[M].长春:吉林科学技术出版社,2001.

[5]　哈尔滨工业大学理论力学教研室.理论力学(第6版)[M].北京:高等
　　　教育出版社,2002.

[6]　程燕平.静力学[M].哈尔滨:哈尔滨工业大学出版社,1999.

[7]　范钦珊.材料力学[M].北京:高等教育出版社,2000.

[8]　苏翼林.材料力学[M].北京:高等教育出版社,1988.

[9]　刘鸿文.材料力学[M].北京:高等教育出版社,2000.

[10]　孙训芳.材料力学[M].北京:高等教育出版社,2002.

[11]　韩秀清,王纪海.材料力学[M].北京:中国电力出版社,2005.

[12]　单辉祖.材料力学教程[M].北京:高等教育出版社,2004.